kailash

Martina Fischer
Dorothea Steinbacher

Auf der Alm
UND IM TAL

Glücklich leben als Selbstversorger

kailash

Inhalt

Was bisher geschah

Am Anfang war es nur ein unbändiger Wunsch nach Freiheit. Ich wollte raus aus meinem aufreibenden Job als Krankenschwester und wusste nur eins: Ich will draußen sein, in der Natur, ich will mit Tieren arbeiten, mit meinen Händen etwas herstellen. Ich brauche mehr Luft zum Atmen, muss Regen, Wind und Sonne auf der Haut spüren.

Das war mir vor neun Jahren, nach einem Besuch bei einer Almerin, bewusst geworden, und es fügte sich, dass ich im Jahr darauf meinen ersten Almsommer in den Bergen verbrachte. Eine ganze Saison lang, von Mai bis September, lernte ich das Leben als Sennerin auf der Rampoldalm in den bayerischen Voralpen kennen. Es war eine harte Schule, und doch fühlte ich bald: Das ist es. Das ist meine Leidenschaft, so fühle ich mich lebendig, jetzt bin ich ganz bei mir – endlich frei!

Inzwischen habe ich schon die siebte Almsaison hinter mir. Wenn ich an die Martina in den Jahren davor denke, sehe ich mich blass und gestresst im Krankenhaus, zwischen schrillenden Notfallglocken, blinkenden Monitoren, Lärm und Hetze. An den Wochenenden schnupperte ich für ein paar Stunden den Duft der Freiheit in den Bergen. Heute bin ich dem Glück näher als je zuvor, weil ich spüre, wohin meine Berufung geht. Die vier Monate, die ich

Wenn die Natur rund um unser Haus tief verschneit ist, kehrt draußen und drinnen Ruhe ein – Zeit, Kraft zu tanken für das nächste Jahr.

jedes Jahr auf der Alm verbringe, tragen mich durch Herbst und Winter. Ich bewahre so viele Glücksmomente im Herzen, so viele wundervolle Bilder im Kopf, dass ich auch diese Zeit im Tal nun ganz bewusst genießen kann.

Inzwischen bin ich in beiden Welten zu Hause, in beiden Welten glücklich. Auch das Leben im Tal, in unserem kleinen Dorf, koste ich nun ganz anders aus. Mein Mann Franz und ich haben ein ehemaliges bäuerliches Anwesen renoviert und ausgebaut, inmitten von Wiesen und Weiden, mit Blick in die Chiemgauer Berge und ganz nah am wunderschönen Simssee gelegen.

Von Großtante und Großonkel habe ich den Bauernhof vor zwei Jahrzehnten geerbt. Sie hatten keine Nachkommen und übergaben mir ihren Hof dafür, dass ich sie mehrere Jahre lang bis zu ihrem Tod in ihrem Zuhause gepflegt habe. Bis heute bin ich ihnen dafür dankbar.

Franz und ich haben uns ein gemütliches Heim geschaffen, wir bestellen den Gemüsegarten, kümmern uns um die unzähligen Obstbäume, wir achten und bewahren die alte bäuerliche Kultur. Zwar stehen keine Kühe mehr in unserem Stall, aber wir haben immer einen kleinen Tierpark hier. Ganz wie früher, als sich die Bauernhöfe durch eine Vielfalt an Tier- und Pflanzenarten auszeichneten, weil sie in erster Linie zur Selbstversorgung der Bewohner dienten und weniger zum Gelderwerb. Wir halten neben unseren Katzen immer Hühner, manchmal Enten und Gänse, und ab und zu kommen für einige Zeit Schweine, Ziegen oder Schafe dazu.

Die Tiere dürfen dann im Sommer mit mir das Almleben genießen. Franz ist zwar als Maurermeister mit einem kleinen Bauunternehmen selbstständig und kann sich seine Zeit relativ frei einteilen, aber obendrein noch die Tiere zu versorgen wäre zu viel. Denn auch bei ihm ist der Sommer die Haupterwerbszeit, und er kümmert sich in meiner Abwesenheit ganz allein um Haus, Hof und Garten. Außerdem freuen sich unsere Tiere genauso auf die Almzeit wie ich, da bin ich mir sicher.

UNSERE PHILOSOPHIE – IN KÜRZE

Die Arbeit und der Wechsel zwischen dem Leben auf der Alm und im Tal waren in den ersten Jahren hart, doch inzwischen habe ich Routine, habe erfahren, wie viel Erfüllung mir diese Monate geben. Inzwischen weiß ich noch genauer, was mir wichtig ist.

Zum Glück sind Franz und ich uns einig darüber, was für uns immer zentraler wird: Wir lieben nicht nur einander, wir lieben auch die Natur, wir freuen uns an jedem Blümchen, an jedem Stück Obst und an jeder Beere, die die Natur uns schenkt. Und wir wollen die Natur erhalten und ihr dankbar sein. Wir schätzen die Nahrung, die sie uns das ganze Jahr über anbietet, und je mehr wir uns mit natürlicher Ernährung beschäftigen, desto weniger wollen wir die industriell verarbeitete Nahrung essen. Lieblos hergestellte, eingeschweißte, ungesunde Lebensmittel, die diese Bezeichnung nicht verdienen – das vermeiden wir, wo es geht. Wir versuchen deshalb, möglichst viel unserer Nahrung selbst herzustellen, mit einem großen Aber: Wir machen daraus kein Dogma. Wir wollen uns nicht stressen. Unser Ehrgeiz ist es nicht, von heute auf morgen zu kompletten Selbstversorgern zu werden. Dadurch würden wir uns selbst unter Druck setzen, und genau das ist ja nicht unser Ziel.

Im Gegenteil: Wir gehen mit offenen Augen durch die Welt, werden immer aufmerksamer. Wir entdecken Beeren und Wildfrüchte im Wald oder am Wegesrand, wir lernen immer mehr über Kräuter, Bäume, Wildpflanzen und Pilze, die essbar sind, und genießen mit Freuden diese kostenlosen Delikatessen aus der Natur. Gleichzeitig verleihen uns diese Lebens-Mittel eine Grundgesundheit und ein Wohlbefinden, das uns einfach nur guttut und positiv stimmt.

Auf der Alm habe ich zudem oft erfahren, wie hilfreich Kräutermedizin sein kann – einfach weil ich im Akutfall nichts anderes zur Hand hatte. Deshalb habe ich mich gerade in der Wildkräuterkunde fortgebildet und darf mich jetzt »Zertifizierte Fachberaterin für Selbstversorgung mit Wildpflanzen« nennen. Meine Grundausbildung, sie nannte sich »Phyto-Heilkräuterausbildung«, habe ich schon vor einigen Jahren absolviert. So bereite ich auf der Alm meine Kräutertinkturen zu, die mir und den Tieren bei kleineren Blessuren gut helfen. Ich experimentiere auch gern mit Früchten und Kräutern, wobei ganz neue Speisen und Würzmittel entstehen, die ich gerade in der spartanischen Almküche zu schätzen weiß.

Aber auch im Tal, zu Hause, macht es uns großen Spaß, herumzuprobieren und herauszufinden, was man alles selber machen, wie man bestehende Rezepte verändern und neue entwickeln kann.

Und weil immer mehr Freunde, Nachbarn, Almgäste und auch Leserinnen und Leser meines Almbuches nach Rezepten fragen, habe ich meine beliebtesten »Erfindungen« in dieses Buch aufgenommen. Daneben gibt es natürlich wieder die Geschichten, schöne und traurige, aus dem Almalltag der letzten Jahre – es war aufregend!

»MEINE« ALMEN

In diesem Sommer werde ich schon zum dritten Mal auf die Krottenthaler Alm ziehen. Sie liegt im Rotwandgebiet, zwischen Bayerischzell und dem Spitzingsee, auf 1437 Metern Höhe – bis jetzt meine höchstgelegene Alm. Viele Menschen sind erstaunt zu hören, dass wir Almerinnen öfter unsere Almen wechseln. Natürlich gibt es auch die, die jahrzehntelang die gleiche Alm bewirtschaften, aber gerade jüngere Almerinnen haben oft Lust, ganz unterschiedliche Bedingungen zu testen, immer wieder an neuen Orten, mit neuen Tieren zu arbeiten, andere Tätigkeiten auszuprobieren, sich neuen Aufgaben zu stellen.

Nicht weit von der Krottenthaler Alm entfernt fällt der Blick nach Süden auf den fast 2000 Meter hohen Gipfel der Rotwand.

Oft werde ich gefragt, welche Alm nun die schönste, die beste, meine liebste gewesen sei. Doch die gibt es nicht. Jede Alm hat ihre Vorzüge, und für mich ist jede Alm zu ihrer Zeit die richtige. Auch ich bin ja nicht jedes Jahr dieselbe – ich verändere mich, habe andere Ansprüche, andere Vorlieben und Erwartungen. Ich bin dankbar für jede Alm, die ich kennenlernen darf.

Mindestens zwei Sommer auf derselben Alm zu sein, das war in jedem Fall sehr wichtig für mich. Im ersten Sommer muss man ja das Almgebiet, die Bauern, die Tiere und die Gegebenheiten auf dem Berg und um die Hütte kennenlernen. Im zweiten Sommer weiß ich schon, wie alles abläuft, und kann aktiv meine Schwerpunkte setzen, mein persönliches Almjahr gestalten.

Die Krottenthaler Alm. Meine kleine Hütte liegt geschützt in einem weiten Kessel, der nach Norden von der 1759 Meter hohen Aiplspitz begrenzt wird.

Jedes Almgebiet fordert Vieh und Sennerleute auf andere Art, jeder Almbauer ist anders gestrickt. Die Hütten sind unterschiedlich ausgestattet, die Lage ist total verschieden: mal ausgesetzt und windig, mit weiter Sicht, oder geduckt in einer Mulde, mal einsam, mal mehr oder weniger frequentiert.

Bei jeder neuen Alm sage ich spontan: Wow, das ist meine Traumalm, genau so wollte ich das jetzt haben! Und für den Moment, für die Saison, passt es exakt für mich. Ich lasse mich immer ganz auf eine neue Alm ein. Aber je mehr Erfahrung ich habe, desto mehr kann ich natürlich auch selbst einbringen in das Almleben. Von meinen Kenntnissen profitieren ja neben mir auch die Tiere und die Bauersleute.

Die Krottenthaler Alm ist meine dritte Station, nicht nur hoch gelegen, sondern auch die erste ohne Strom.

AUF DER RAMPOLDALM

Die Rampoldalm in Sichtweite des Wendelsteins war meine erste Erfahrung und eine gute Schule. In traumhafter Lage – mit weitem Blick über den gesamten Chiemgau, wie auf einem »Balkon« der Berge hoch über Wiesen, Wäldern und Seen – genoss ich meine ersten Almsommer, durchlebte aber auch Momente der Verzweiflung und Tage der kompletten Überlastung. Täglich die Milchmengen von zwei glücklichen Milchkühen verarbeiten, in stundenlangen Wanderungen fünfzig Stück Jungvieh auf einer riesigen Almfläche rund um den Berggipfel finden und zählen, viele Wanderer bewirten, die ersten zaghaften Versuche, eigenen Käse zu machen, buttern, Topfen herstellen, Brot backen, schwenden – also Disteln und sonstigen unerwünschten Bewuchs entfernen –, Brennnesseln mähen, Stall und Hütte sauberhalten, vier Monate lang jeden Tag um halb fünf aufstehen und meist nicht vor Mitternacht zum Schlafen kommen – und dabei noch Rückschläge verkraften zu müssen wie eine tödlich abgestürzte Kalbin, eine verrückte Ziegenherde, versiegende Brunnen im Hochsommer und Schnee im Juni –, all das forderte mich ungemein und zeigte mir neben der Härte des Almlebens auch meine eigenen Grenzen auf.

Die Rampoldalm liegt auf gut 1200 Metern Höhe, vom Tal aus ist sie mit dem Mountainbike in einer guten Stunde zu erreichen. Deshalb kommen abends oft noch Wanderer oder Bergradler auf die Alm, nach Feierabend, und wollen bewirtet werden. Da hatte ich wenig freie, stille Zeit für mich. Diese erste Almsaison infizierte mich aber trotz aller Widrigkeiten mit dem Almvirus. Und den werde ich vermutlich mein Leben lang nicht mehr los.

Die drei Almsommer im Wendelsteingebiet waren für mich ein Traum. Ich hatte entdeckt, was mich glücklich macht im Leben, und ich wollte besser werden und dazulernen. Deshalb blieb ich im Jahr darauf im Tal, um meine Heilkräuterausbildung abzuschließen. Nach dem Jahr Pause war die Rampoldalm dann besetzt: Die jüngste Tochter des Almbauern war ab jetzt die

Sennerin. So musste ich mir eine neue Stelle suchen. Auf der Alm gilt das ungeschriebene Gesetz, dass eine Sennerin so lange bleiben darf, wie sie will – natürlich nur, wenn sie mit den Almbauern gut auskommt. Das tat ich zwar, aber die Fortbildung war mir wichtig gewesen. Ich schickte den Wunsch nach einer neuen Almstelle ins Universum – und prompt traf ich zufällig einen Almbauern, der mich für seine Alm auf dem Laubenstein brauchen konnte.

ZWEITE STATION: LAUBENSTEINALM

Hoch über Frasdorf im Chiemgau verbrachte ich dann anderthalb Sommer auf der Laubensteinalm, denn im zweiten Jahr waren es nur zwei Monate. Franz zuliebe hatte ich schweren Herzens meine Almzeit verkürzt und war nur die zweite Hälfte der Saison auf die Alm gegangen. Allerdings bot sich mir im Frühsommer die Gelegenheit, eine erkrankte Almerin in den Tegernseer Bergen für zwei Wochen zu vertreten – ein kurzer, aber wunderbarer Ausflug und wieder eine neue Erfahrung.

Auch die Laubensteinalm hatte ihren ganz besonderen Reiz. Anders als zuvor beschränkte sich die Aussicht von der Alm auf eine Wiesensenke und den angrenzenden Wald – und natürlich auf die direkt unterhalb liegende Hütte meiner Nachbarin Rosi, mit der ich nicht nur das Stromaggregat, sondern auch die Lust zum Singen und Musizieren teilte. Hätten uns Touristen gesehen, wie wir da abends vor der Hütte saßen und gemeinsam sangen und jodelten, hätten sie nach der versteckten Kamera gesucht. Rosi und ich haben unglaublich viel miteinander gelacht.

Marschierte ich aber zehn Minuten auf den nahen Laubensteingipfel, bot sich eine wunderbare Aussicht, ähnlich wie von der Rampoldalm, auf den Chiemgau von Rosenheim bis fast nach Salzburg, über den Simssee und den Chiemsee mit seinen Inseln und den Segelbooten, die an heißen Wochenenden wie Hunderte kleine Punkte auf der glitzernden Wasserfläche lagen.

Während andere Abkühlung auf dem See suchten, genoss ich auf dem Laubenstein angenehm warme Sommer und ein ruhigeres Almleben als zuvor, denn ich hatte diesmal keine Milchkühe. Das heißt, die komplette Stallarbeit fiel weg: Zweimal am Tag die Kühe von der Weide in den Stall holen, melken, Kühe wieder auf die Weide treiben, Stall ausmisten und saubermachen, die Milch zentrifugieren, den Rahm zu Butter und die Milch zu Käse und Topfen verarbeiten – all das musste nicht erledigt werden.

Elf Mutterkühe mit ihren Kälbern und etliche Jungkühe und Ochsen der alten Simmentaler Rasse verbrachten den Laubenstein-Sommer auf der Almweide, aber die Kälber tranken bei ihren Müttern, alle Tiere waren Tag und Nacht draußen, und ich hatte lediglich darauf zu achten, dass keines verloren ging. Natürlich gab es auch Jungvieh zu zählen, gelegentlich Wanderer zu bewirten, zu schwenden sowie Brunnen und Zäune zu kontrollieren.

Mein Käsekeller unter der Almhütte. Die Käsepflege ist ein Teil meiner täglichen Arbeit, mit Salzwasser wird jeder Laib abgebürstet.

Das Stromaggregat für Rosis Melkmaschine stand in meiner Hütte und musste zweimal täglich an- und wieder abgeschaltet werden. Aber der Stall war und blieb leer – ein trauriger Anblick. Die heimelige Wärme, die in einem Stall mit Tieren entsteht, sie fehlte mir. Ich glaube, ich vermisste sogar den Stallgeruch, der doch so oft lästig ist, wenn man ihn nicht aus Kleidern und Haaren rausbekommt. Auch das Käsen und Buttern ging mir ab. Ich hatte in den Jahren auf meiner ersten Alm viele Erfahrungen gesammelt und war begierig darauf, meine Fertigkeiten im Käsemachen auszubauen. So wurde mir immer klarer, was ich eigentlich wollte: eine neue Alm, noch höher gelegen, noch einsamer, aber vor allem mit Milchkühen, weil ich wieder Käse herstellen wollte.

09 185
09 185

Neues Jahr – neue Alm

In meinem Traum von der neuen Alm kristallisierte sich allmählich ein deutliches Bild heraus: weniger Menschen, weniger Trubel, dafür mehr Tiere, eine abwechslungsreiche Pflanzenwelt, unbedingt Milchkühe – idealerweise zwei Drittel der Zeit mit, am Ende der Almzeit dann ohne Milchkühe.

Was sich erst einmal paradox anhört, ist auf vielen Almen üblich: Wenn die Kühe auf die Alm kommen, sind sie bereits trächtig und werden bis etwa August zweimal täglich gemolken, anschließend aber trockengestellt. Das heißt, man melkt sie in ihrem hochträchtigen Zustand nicht mehr, damit sie in den letzten Wochen vor der Geburt ihre gesamte Energie auf die Entwicklung des neuen Kälbchens konzentrieren können.

In diesen letzten Wochen der Almzeit würde das Arbeitspensum also abnehmen, mein schöner Almkäse könnte im Keller vor sich hin reifen, ich hätte genug Zeit, um ihn zu pflegen, könnte ausführlich die Natur draußen und das Zusammensein mit meinen Kälbern und den Jungkühen genießen. Auch einfach mal vor der Hütte sitzen, beobachten, nichts tun – vor einigen Jahren noch ein Wunsch, den ich nicht mit mir in Verbindung gebracht hätte. Irgendetwas musste ich immer tun. Nichts zu tun, das hätte ich mir nicht vorstellen können, früher, in meinem durchgetakteten Leben!

So pflegte ich meinen Traum in den letzten Wochen meiner Zeit auf dem Laubenstein – bis eines Tages Martina vor meiner Hütte stand, eine befreundete Sennerin, die ich von verschiedenen Treffen kannte. Ich war gerade vom Schwammerlsuchen gekommen, saß vor der Hütte in der Sonne und putzte die Pilze. Während wir uns unterhielten, kochte ich eine Suppe aus den Schwammerln, und ein paar Semmelknödel hatte ich auch noch, sodass ich Martina zu einem guten Essen einladen konnte. Den ganzen Abend saßen wir gemütlich zusammen und erzählten uns die neuesten Almgeschichten.

Dann, ganz nebenbei, meinte Martina, sie wüsste eine freie Almstelle, die wie für mich gemacht sei. Mit klopfendem Herzen hörte ich ihr zu, wie sie die Alm beschrieb.

ÜBER DIE KROTTENTHALER ALM

Martina selbst arbeitet seit über zehn Jahren auf einer Alm im Spitzingseegebiet, und ihre Nachbaralm, sagte sie, werde im kommenden Jahr vermutlich frei. Über 1400 Meter hoch gelegen, auf der Wetterseite nach Norden und Westen geschützt in einem Kessel liegend, mit weitem Ausblick nach Osten und auf den markanten Rotwandgipfel im Süden – ein schönes Almgebiet mit viel Jungvieh, Kälbchen und ein bis zwei Milchkühen. Meine Aufregung wuchs mit jedem Satz, den ich hörte. Das war genau die Alm, die ich mir erträumt hatte!

Doch als mir klar wurde, dass die Anfahrt zum Talort von unserem Zuhause aus über eine Stunde dauern würde, schoss mir sofort durch den Kopf: »Franz wird das niemals mitmachen! Das ist viel zu weit weg.« Denn mein Mann besuchte mich auf jeder meiner Almen ein- bis zweimal in der Woche nach Feierabend, brachte mir frisches Gemüse und Obst aus unserem Garten mit und alles, was ich gerade brauchte. Niemals würde er eine so lange Anfahrt, die ich ihm ja quasi auferlegen würde, in Kauf nehmen.

Aber ich könnte wieder Käse machen und Butter. Nachts würden die kleinen Kälber im Stall neben meiner Schlafkammer liegen und mich mit ihrem beruhigenden Glöckchengebimmel sanft in den Schlaf geleiten. Ich liebe diese Stimmung und fühle mich dadurch in der Dunkelheit sehr geborgen. Als Martina mir erzählte, dass es dort oben üblich sei, die Milchkühe nur für zwei Drittel der Almzeit auf der Alm zu belassen, glaubte ich endgültig an eine himmlische Fügung, die gerade mir die Botschaft von genau dieser Almstelle geschickt hatte.

»Du hast auf der Alm zwar keinen Strom und musst mit der Hand melken«, sagte Martina noch, »aber das kriegst du sicher hin. Hab ich ja auch geschafft. Und am Anfang könnte ich dir helfen, ich wär dann ja direkt nebendran.« Dusche und warmes Wasser gäbe es natürlich auch nicht, außerdem nur ein Plumpsklo, aber das bin ich ja vom Laubenstein schon gewohnt, damit komme ich zurecht.

Meinem Mann Franz bin ich sehr dankbar, dass er meinen großen Wunsch auf die Alm zu gehen, unterstützt hat.

Es kämen kaum Wanderer vorbei, denn die Hütte liege abseits der Wanderwege und sei nicht ausgeschildert, erfuhr ich. Nur die Jäger würden regelmäßig auf eine Brotzeit einkehren.

Als am Abend mein Mann zu Besuch kam, erzählte ich ihm bei einem Glas Wein ganz vorsichtig von der neuen Alm. Und dass ich mich gern bewerben würde, aber dass sie natürlich schon sehr weit weg von zu Hause sei. Und dass ich verstehen würde, wenn er keine Lust hätte, nach der Arbeit noch so weit zu fahren.

Franz hörte ruhig zu, sagte erst mal nichts und blieb dann noch gefühlt eine Stunde schweigend sitzen. In seinem Kopf arbeitete es aber, dabei konnte ich förmlich zuschauen.

Endlich holte er tief Luft und meinte trocken: »So schlecht wär das gar nicht. Da könnte ich über Hundham fahren und bei meinem alten Kollegen Joggi vorbeischauen.«

Ich war zunächst sprachlos – und dann einfach nur glücklich. Denn gegen den Widerstand meines Mannes würde ich nicht auf diese Alm gehen, auch wenn es mir schwerfiele.

Den ganzen Abend lang besprachen wir die Details, und schließlich war die Entscheidung gefallen.

Meine Almbauern der Krottenthaler Alm: Schorsch und Resi. Sie sind (fast) immer entspannt und offen für meine Ideen.

Ein paar Tage später war die Almzeit auf dem Laubenstein zu Ende, und ich bat Martina, bei der Bauernfamilie der neuen Alm anzufragen und mein Interesse zu bekunden.

Inzwischen gibt es für freie Almstellen viele Bewerberinnen und Bewerber, und man muss qualifiziert sein und Glück haben, um seine Wunsch-Alm zu bekommen.

Ich hatte die Hoffnung schon fast aufgegeben – da rief kurz vor Weihnachten die Bäuerin an und lud mich zu einem Kennenlerngespräch ein. Vor Aufregung zitternd legte ich den Hörer auf und rannte förmlich zu Franz in die Werkstatt, um ihm von meinem Glück zu erzählen. Ich hatte das Gefühl, vor Freude innerlich zu zerspringen. Ja, das würde meine neue Traum-Alm werden – wenn es denn klappte.

Schon nach dem Telefonat hatte ich ein gutes Gefühl, und als wir uns persönlich trafen, war mir schnell klar: Resi und ich, wir haben eine ähnliche Einstellung zum Leben, wir verstehen uns einfach. Als wir nach kurzer Zeit gar nicht mehr über die Alm sprachen, sondern über Gott und die Welt philosophierten, meinte Resis Mann trocken: »Da haben sich ja wieder mal zwei gefunden!« Und ich hatte die Almstelle.

DAS JAHR BEGINNT

Viele Wochen lang wusste nur Franz davon, dass ich die Zusage für die neue Almstelle bekommen hatte. Alle neugierigen Nachfragen beantwortete ich mit einem geheimnisvollen: »Mal sehen, ist noch nichts fix«, obwohl es mir wirklich schwerfiel, mit meiner Begeisterung hinterm Berg zu halten. Es ist nämlich Tradition, ein ungeschriebenes Gesetz, dass man erst mit dem Ende der Weihnachtszeit, erst wenn ganz allmählich die Vorbereitungen für die neue Saison beginnen, erzählt, wer auf welche Alm geht. Vielleicht hängt das mit dem alten Termin des Dienstbotenwechsels Anfang Februar zusammen? Im landwirtschaftlichen Altbayern war es ja üblich, dass am 2. Februar, zu Mariä Lichtmess, Mägde und Knechte auf den Bauernhöfen ihre Stellen wechseln konnten – falls sie das wollten oder falls der Bauer nicht mit ihnen zufrieden war. Sie erhielten dann ihren Jahreslohn, packten ihre Siebensachen und traten nach ein paar freien Tagen eine neue Stelle an.

Jetzt endlich verkündete ich die frohe Botschaft im Freundeskreis: Anfang Juni würde ich für die ganze Almsaison bis Ende September auf die Krottenthaler Alm ziehen, hoch über dem Spitzingsee, in der Nähe der beliebten Tourenziele Rotwand und Taubenstein.

Nun konnte ich ganz offen planen und überlegen. Schon beim Kennenlerngespräch mit meinen neuen Almbauern hatte ich ja erwähnt, dass ich zusätzlich zu Milchkühen, Jungvieh und Kälbern gern meine Hühner mit auf die Alm nehmen würde, und sie waren einverstanden.

SCHWEINE AUF DER ALM

Doch dann tauchte die Idee mit dem Almschwein auf. Es würde sich sein Futter rund um die Alm weitgehend selber suchen, überlegte ich, könnte die Gemüseabfälle aus meiner Küche bekommen und vor allem Magermilch und Molke, die beim Käsen und Buttern in großen Mengen anfallen. Das sind wertvolle vitamin- und eiweißreiche Nahrungsmittel, die mir zu schade sind, um sie einfach wegzukippen. Im Herbst würde das Schwein dann geschlachtet und uns den Winter über mit Fleisch, Speck und Wurst versorgen.

Die Sauen auf der Alm leben das glücklichste Leben, das ein Schwein haben kann: Sie laufen völlig frei auf dem gesamten Gelände und wühlen nach Herzenslust.

In jedem meiner Almsommer hatte ich bis jetzt eine andere Tierart dabei: Im ersten Jahr nahm ich meine Katze Maunzi mit, und diese erste Saison war auch ohne zusätzliche tierische Begleitung aufregend genug. Im zweiten Jahr machte ich die Erfahrung mit einer ganzen Ziegenherde und schwor mir: »Nie wieder Ziegen!« Im dritten Jahr kamen die Hühner dazu. Auf den Laubenstein begleitete mich neben den Hühnern noch der Ganserer Carlos, und nun wollte ich es einmal mit einer Sau probieren.

Auf immer mehr Almen trifft man sie inzwischen, die Almschweine. Noch vor zehn Jahren galt eine Alm mit Schwein als Sensation. Dabei ist nur in Vergessenheit geraten, dass die Schweinehaltung auf der Alm eine lange Tradition hat, eben weil ein, zwei Schweine dort quasi grenzenlosen Auslauf und reichlich Bewegung haben, nach Herzenslust graben und wühlen können, die Reste aus der Milchverarbeitung, etwa Molke oder Magermilch, fressen und bis zum Winter in hochwertiges Fleisch umsetzen. Allmählich wächst eben auch in breiteren Bevölkerungsschichten das Interesse an gutem Fleisch von artgerecht gehaltenen Tieren.

FRAGEN ÜBER FRAGEN

Doch mit Schweinehaltung war ich nicht vertraut und musste mich erst einmal informieren. Wenn ich meine Hühner mit auf die Alm nehme, reichen ein paar Säcke mit Körnerfutter und ein kleiner Verschlag für die Nacht. Mit Sauen kannte ich mich nicht aus. Konnte ich zu einer Sau ein liebevolles Verhältnis aufbauen wie zu einer Kuh oder einem Kalb? Wie reagieren die Rinder auf ein für sie unbekanntes Tier? Kann ich das Schwein zwischen den Kühen herumlaufen lassen oder muss ich es extra einzäunen? Brauche ich einen Extrastall für das Schwein, oder wie bringt man so ein Tier unter? Welches Futter muss ich für die Sau mitnehmen? Fragen über Fragen, die ich Bauern und Almleuten stellte, und allmählich begann die Sache für mich klarer zu werden.

Ich musste mir überlegen, wie alt oder jung das Schwein sein sollte, wenn ich es mit auf die Alm nehme. So eine Sau wird meist im Alter von 8 bis 12 Wochen vom Züchter abgegeben, dann wiegt sie um die 30 Kilogramm. Wenn sie drei bis vier Monate auf der Alm bleibt, erreicht sie ein Schlachtgewicht von mindestens 80 Kilogramm. Je nach Rasse und Art der Haltung kann das Schlachtgewicht aber auch weit über 100 Kilogramm betragen.

Natürlich hört sich das im Moment makaber an: Man denkt an ein süßes kleines Schweinchen, das man mit auf die Alm nimmt, und gleichzeitig schon daran, es zu schlachten. Aber auch für mich ist die Schweinehaltung kein Zeitvertreib, so gern ich die Tiere auch mag, sondern ein Teil unserer Idee, möglichst viele möglichst hochwertige Lebensmittel selbst herzustellen.

DIE PASSENDE RASSE

Mir war wichtig, dass ich ein Tier einer alten, robusten Rasse mitnehme, und auch das Aussehen war mit entscheidend: Eine reine helle Mastschweinrasse wollte ich nicht. Franz und ich wälzten Bücher, schauten ins Internet und nahmen schließlich Kontakt zu verschiedenen Züchtern und Bauern auf, die Erfahrungen mit verschiedenen Rassen haben. In der Theorie fanden wir Rassen wie Duroc und Pietrain und daraus entstandene Kreuzungen interessant, weil Duroc eine hervorragende Fleischqualität haben: schön marmoriertes Fleisch, gut mit Fett durchzogen, aber keine großen Mengen an reinem Fett. Duroc-Schweine gelten auch als sehr gutmütig. Die Rasse Pietrain bringt sehr mageres Fleisch hervor – eine Kreuzung aus beiden Rassen wäre deshalb ideal für unsere Ansprüche.

Dann erfuhr ich von anderen Almleuten, dass die Duroc-Schweine sehr stark grundeln, das heißt, dass sie besonders intensiv mit ihrer kräftigen Schnauze im Boden wühlen und diesen regelrecht umpflügen. Natürlich ist das der normale Instinkt einer Sau, doch wollte ich meinem Almbauern nicht eine komplett umgepflügte Almweide hinterlassen und suchte nach einer weniger aktiven Rasse. Schließlich fanden wir einen Züchter, der trächtige Sauen aus einer Kreuzung von Pietrain und Deutschem Edelschwein hatte, die die Vorteile beider Rassen vereint: Pietrain zeichnet sich durch gutes Muskelwachstum aus, und Muskelfleisch braucht es ja für Schweinsbraten und Schinken, doch ist das Tier enorm stressanfällig. Das Deutsche Edelschwein hingegen gilt als robust und stressresistent.

DARF ICH ÜBERHAUPT?

Meine potenzielle Almsau hätten wir also schon einmal gefunden, nun galt es zunächst, die Zustimmung meines Almbauern zu bekommen. Schweine gelten als Großtiere, die angemeldet und registriert werden müssen wie jedes Tier, das eine Ohrmarke trägt. Mir ist ein gutes Verhältnis zu meinen Bauern sehr wichtig, sein Einverständnis stand für mich an oberster Stelle.

So fuhr ich irgendwann im Februar spontan auf einen Kaffee bei meinen neuen Almbauern vorbei – reichlich nervös, denn ich hatte die beiden bisher ja nur ein einziges Mal, bei meinem Vorstellungsgespräch, gesehen. Zögerlich begann ich Schorsch, den Bauern, zu fragen, ob es denn auf der Alm in der

Vergangenheit schon einmal Sauen gegeben habe. »Warum?«, gab er zurück. »Möchtst vielleicht welche mitnehmen?«

Tja, nun musste ich mit der Sprache herausrücken und gestand ihm, dass ich mich schon umgehört hätte und eine Rasse wüsste, die den Almboden nicht zu sehr zerwühlen würde. Das stellte sich tatsächlich als seine größte Sorge heraus. Und ich verstand sie natürlich. Wenn eine Sau den lieben langen Tag frei herumläuft, dann kann sie in zwölf Stunden mal drei, vier Monaten eine Almweide komplett zerstören. Zäunt man die Sau stattdessen ein, verwandelt sie den kleinen Bereich innerhalb des Geheges in wenigen Tagen in reinen Acker, und man muss den Zaun immer wieder versetzen, damit das Tier nicht im Schlamm versinkt.

Auch kleine Schweine lieben ihre täglichen Streicheleinheiten.

So wägten wir eine Weile lang das Für und Wider ab, sprachen verschiedene Möglichkeiten durch und einigten uns schließlich: Ich dürfe es versuchen mit einer Sau, meinte Schorsch, aber wenn es zu große Schäden gebe, müsse ich das Tier wieder ins Tal bringen lassen. Das versprach ich und fuhr nach Hause, um meine Pläne zu konkretisieren.

EIN ODER ZWEI FERKEL?

Sollte ich ein Schwein mitnehmen oder zwei? Da gingen die Meinungen auseinander, jeder Almer erzählte mir etwas anderes. Eine einzelne Sau wäre einsam und deshalb sehr auf den Menschen fixiert, und das wollte ich ja gern. Zwei Sauen werden nicht so zutraulich, sie wachsen angeblich schneller, weil sie sehr futterneidisch sind: Wenn eine frisst, muss die andere sofort auch fressen. Und zwei Schweinchen spielen gern miteinander und haben viel Spaß zusammen. Was tun? Mit dieser Entscheidung quälte ich mich ein paar Tage lang herum, doch dann wurde sie mir von unerwarteter Seite abgenommen: von Resi, meiner Almbäuerin.

Im März besuchte ich den Schweinezüchter, den ich schon ausfindig gemacht hatte, und suchte mir ein entzückendes kleines Ferkelchen aus einem frischen Wurf aus: schweinchenrosa mit vielen schwarzen Flecken. Ein Foto von ihm schickte ich gleich übers Handy an Resi.

Womit ich nicht gerechnet hatte, war, dass Resi sich sofort in mein Ferkel verliebte und mir vorschlug, doch zwei Sauen mit auf die Alm zu nehmen: ein Tier für mich und eines für ihre Familie. So suchte ich gleich noch ein zweites Fleckenferkel aus. Beide Tiere blieben noch einige Wochen beim Züchter, und ich konnte weiter planen.

DER GENIALE SCHWEINESTALL

Jetzt ging es darum, einen Stall für die Sauen zu organisieren. Mein Mann Franz hat immer gute Ideen, und er ist handwerklich versiert – nicht nur als Maurer, denn diesen Beruf hat er gelernt, sondern er kann, wie mir scheint, fast alles. Außerdem ist er ein Meister der Improvisation, und das bewies er nun wieder einmal: mit meinem Saustall. Er erinnerte sich gleich daran, dass im nahen Wald seit Jahren ein ungenutztes, winziges Holzhäuschen herumstand, das im Grunde optimal als Stall geeignet wäre. Wir machten den Besitzer ausfindig und erfuhren, dass es früher als Spielhaus seiner Kinder gedient hatte. Für wenig Geld kauften wir es ihm ab, und Franz begann, das ziemlich reparaturbedürftige Häuschen herzurichten. Er und mein Stiefvater Wast investierten viele Stunden, bis es wieder so stabil war, dass es den Sauen und den Stürmen auf der Alm standhalten würde.

EIN HERZ FÜR ZIEGEN

Im vergangenen Frühling, vor meinem zweiten Krottenthaler Sommer, verliebte ich mich dann neu: in zwei Ziegen. Der Almbauer wunderte sich schon nicht mehr, dass ich meinen Almtierpark noch einmal erweitern wollte. Allerdings reagierte er diesmal verhalten und stimmte meinem Plan nicht spontan zu, und das machte mich stutzig – die Ziegen wühlen ja den Boden nicht auf. Schließlich erklärte er sich doch einverstanden, und ich erfuhr, dass er wegen einer lebhaften Erinnerung an seine Kindheit so gezögert hatte:

Die neugierigen Ziegen versuchen auf allen Wegen, in die Almhütte zu gelangen, um Essbares zu finden. Auch ein offenes Fenster ist immer sehr verlockend.

Sein Großvater hielt damals einen alten Ziegenbock auf der Alm, der offenbar einen so unvergesslich starken Gestank verbreitete, dass Schorsch sich schon in jungen Jahren geschworen hatte, niemals Ziegen anzuschaffen.

ZIEGENDESASTER AUF DER RAMPOLDALM

Wer sich über meine neu erwachte Ziegenbegeisterung wunderte, waren alle, die mein Ziegendesaster im zweiten Almsommer auf der Rampoldalm miterlebt hatten. Damals hatte ich – ahnungslos – eine Bande von sieben Ziegen mit auf die Alm genommen: hauptsächlich erwachsene Tiere, nicht erziehbar, frech, eigensinnig und umtriebig. Sie brachten mich nach wenigen Wochen an den Rand des Wahnsinns, sodass ich sie zu meinem großen Bedauern wieder ins Tal schicken musste, denn eigentlich würde ich gern Geißen halten.

Im Nachhinein wurde mir klar, woran es gescheitert war: Hätte es für die Ziegen einen überdachten Unterstand in einem eingezäunten Bereich auf der Weide gegeben, dann hätten sie es dort bei Regen warm und kuschelig gehabt. Denn Ziegen sind außerordentlich wasserscheue und kälteempfindliche Tiere, was mir erst oben auf der Alm klar wurde: Bei den ersten Regentropfen liefen sie laut meckernd in Richtung Kuhstall, drängten sich eng nebeneinander an die Mauer und suchten nach einer Gelegenheit, durch die offene Tür in den warmen Stall zu schlüpfen. Das gelang ihnen des Öfteren, musste ich doch während des Melkens die Tür einen Spalt offen lassen, um die dürftige Beleuchtung zu verbessern. Im Stall sprangen sie wild umher, machten meine Milchkühe nervös, witschten unter den Kälbern durch und hatten nur Unfug im Sinn. Mit einem eigenen Ziegenunterstand hätte ich sie während des Melkens dort einsperren können. So lieb ich sie auch hatte – meine Almsommer blieben erst einmal ziegenfrei.

Bis ich im März vor meiner siebten Almsaison Elke, eine liebe Nachbaralmerin, daheim besuchte. Sie ist seit über zwei Jahrzehnten im Sommer Sennerin auf der Jägerbauernalm. Dort kann ich sie in einer guten Stunde Fußmarsch von der Krottenthaler Alm aus besuchen: immer Richtung Nordosten, immer rauf und runter führt der Weg über drei Gipfel. Elke hat nicht nur auf der Alm, sondern auch privat daheim im Oberland einen bunt gemischten Tierpark. Auf der Alm waren das zuletzt neben den Jungkühen und einer Milchkuh zwei Ziegen, mehrere Hühner und Hasen, ein Schwein, ein Hund, ein Alpaka und ein Lama.

ELKES SÜSSE BÖCKLEIN

Bei meinem Besuch im Frühling führte sie mich in ihren Stall, wo am Tag zuvor eine ihrer Geißen Nachwuchs bekommen hatte: zwei wunderschöne weiße Ziegenböcke. »Die bleiben«, meinte sie, »bis zum Herbst hier unten und werden dann geschlachtet.« Die einen Tag alten Minigeißlein staksten noch ganz unbeholfen hinter ihrer Mutter her, reichten mir gerade einmal bis zu den Knien, waren schneeweiß und sahen aus wie die Steifftiere, die ich als Kind im Schaufenster bewundert hatte. So nette kleine Geißen würden sich noch erziehen lassen, da war ich mir sicher, und es wären nur zwei – mit denen würde ich zurechtkommen!

Elke war sofort einverstanden, mir die Böcklein den Sommer über mit auf die Alm zu geben. Dort würden sie frei leben können und, wählerisch, wie Ziegen sind, reichlich Auswahl an ihren Lieblingsspeisen finden: Taubeerengestrüpp, Almrausch, Alpendost, kleine Wildrosensträucher und andere Leckerbissen. Im Herbst wollte ich sie dann zurückbringen. Doch bis zum Almauftrieb durften die Kleinen noch bei ihrer Mutter bleiben.

ZUWACHS BEI DER HÜHNERSCHAR

Seit meinem dritten Almsommer nehme ich meine Hühner samt Hahn mit auf die Alm. Franz hatte mir damals einen fahrbaren Hühnerstall gebaut, der mittels Anhängerkupplung mit dem Auto auf die Alm transportiert werden kann. Auch auf dem Laubenstein war diese wunderbare Konstruktion dabei gewesen, mit allen Schikanen wie einer lichtsensiblen Hühnerklappe. So wusste ich meine Geflügelschar nachts immer vor dem Fuchs geschützt und trocken untergebracht.

Meine Salatpflanzung vor der Hütte ist mit Hasendraht vor den gefräßigen Ziegen geschützt. Nicht weit entfernt: der Hühnerstall.

Auf der neuen, der Krottenthaler Alm nun gibt es wenige Meter unterhalb der Almhütte ein altes Steinhäuschen, das früher als Pferdestall gedient hat. Denn es gab damals ja nur einen Karrenweg auf die Alm, der mit Rössern begangen werden konnte. Mehr als ein oder höchstens zwei Pferde konnte ich mir in dem kleinen Gebäude zwar nicht vorstellen, und inzwischen hatten Regen, Schnee und Stürme auf der Alm dem Mauerwerk schon

Die Hühner genießen den Auslauf vor ihrem Häuschen und finden auf den Wiesen Würmer, Käferchen, Körner und andere Leckerbissen.

arg zugesetzt. Aber für einen Hühnerstall war es noch ausreichend stabil, und das fahrbare Hühnerhaus konnte also diesmal im Tal bleiben.

Meine Hühner sind mir auf der Alm unverzichtbar geworden, denn die frischen Eier, die sie mir jeden Tag legen, bereichern meinen Speiseplan sehr. Und ich kann jederzeit Kuchen backen mit fast beliebig vielen Eiern und muss nicht mehr, wie in den Sommern ohne Hühner, mit den aus dem Tal gelieferten Eiern extrem haushalten. Damals habe ich eigentlich nur Strudel gebacken, weil dieser Teig mit einem Ei auskommt.

BUNTE EIER

In diesem Jahr nun wollte ich meine Hühnerschar erweitern. Von meinen sechs Hennen legten nur noch drei. Die anderen dürfen bei uns an Altersschwäche sterben, wenn uns nicht Marder oder Fuchs zuvorkommen.

So startete Franz am Ostersonntag mit unseren Patenkindern nach Brünning. Das ist ein kleines Dorf, eine halbe Autostunde entfernt, bekannt für seinen Kleintiermarkt, der dort immer am ersten Sonntag im Monat stattfindet. Vor allem Kinder lieben den Markt rund um den Dorfstadel, weil man hier alle Arten von Geflügel aus der Nähe erleben kann: die unterschiedlichsten Rassen von Gänsen und Enten, Tauben, Hühnern und Puten, außerdem Hasen, Ziervögel und allerlei andere Kleintiere. Dort wird gefachsimpelt, gehandelt und gekauft – ein unterhaltsames Gewusel von Menschen und Tieren. Ich konnte leider nicht mitfahren, weil ich an dem Tag arbeiten musste, und so ließ ich mich überraschen, wofür sich mein Mann und die Buben entscheiden würden.

Drei Marans-Hühner brachten sie mit und eine Grünleger-Henne. Diese Rasse legt wirklich hellgrüne Eier. Seitdem färbe ich keine Ostereier mehr, weil mir meine Hühner hellbraune, dunkelbraune und grüne Eier aller Schattierungen ins Nest legen – wunderschön. Die Marans sind eine groß gewachsene Hühnerrasse, die nach der französischen Stadt Marans benannt ist. Meine Exemplare sind schwarz mit einer anmutigen braunen Halskrause. Sie legen schokobraune Eier, manchmal auch heller braune mit dunklen Punkten. Die extrem dicke Schale verleiht den Eiern eine längere Haltbarkeit, was auf der Alm nicht schlecht ist, wenn die Hühner mal nicht in den Stall legen. Finde ich dann zum Beispiel ein Ei im Heuhaufen, kann ich nicht wissen, wie lange es da schon gelegen hat.

VORSICHT, FUCHS!

Die neuen Hühner mussten erst einmal daheim im Tal lernen, abends allein in den Stall zu gehen. Einige Tage lang scheuchten wir jedes einzelne Tier in der Dämmerung in den Stall, bis alle gelernt hatten, dass sich bei zunehmender Dunkelheit die Hühnerklappe automatisch schließt. Recht schnell hatten die neuen Tiere das System verstanden, sodass wir unsere abendlichen Kontrollgänge einstellten. Zu früh, wie sich eines Nachts erwies!

Es war etwa elf Uhr abends, wir lagen schon im Bett und unterhielten uns noch, als plötzlich der markerschütternde Todesschrei eines Huhns durch die Stille gellte. Nach kurzer Schockstarre sprangen wir aus dem Bett, Franz nach unten und ich auf den Balkon, um laut rufend und mit den Armen fuchtelnd den Eindringling zu vertreiben. Doch da ahnten wir schon, dass wir zu spät gekommen waren. Der Fuchs beißt nur einmal zu, und dieser Biss ist tödlich.

Eine der schönen neuen Marans-Hennen hatte es verpasst, rechtzeitig in den Stall zu gehen, und der Fuchs war samt Hühnerbeute längst in der Dunkelheit verschwunden.

So hatte ich nun meine Tiere für den Almsommer – minus eine Henne – beisammen.

Der Selbstversorgerfrühling

Der Schnee begann zu schmelzen, und die ersten warmen Märztage erfreuten nicht nur die Tiere, sondern auch uns Menschen, die wir nach der langen dunklen Jahreszeit müde und sonnenentwöhnt waren. Jedes Jahr um diese Zeit gehen wir in unseren Wald, wo es eine kleine moorige Lichtung mit einigen Birken gibt. Hier holen wir uns täglich Birkenwasser frisch vom Baum.

BIRKENWASSER – EIN LEBENSELIXIER

Innerhalb weniger Wochen fühlen wir uns durch das Wasser gestärkt und gekräftigt, hellwach, positiv gestimmt und voller Vorfreude auf den Sommer.

Nicht umsonst wird der Birke eine verjüngende und entschlackende Wirkung nachgesagt, weshalb man sie von jeher für Blutreinigungskuren im Frühling verwendet. Sie bringt uns in jeder Hinsicht in Bewegung: Sie reinigt uns auf körperlicher, aber besonders auf geistig-seelischer Ebene und befreit uns von belastenden Themen. Vor allem diesen inneren Schutz soll die Birke uns geben und unsere energetische Substanz reinigen, während die Brennnessel (Seite 45) mehr für den äußerlichen Schutz zuständig sein soll.

BIRKENWASSER ABZAPFEN

Das Birkenwasser zapfen wir direkt aus dem Stamm einer dicken Birke, und das geht so:

Geeignet sind Birken mit einem Stammdurchmesser von etwa 30 bis 40 cm. Mit einem Holzbohrer (18 mm) wird etwa 60 bis 70 cm oberhalb vom Boden ein etwa 7 cm langes Loch in den Stamm gebohrt, leicht schräg nach oben. Ein 20 cm langes Stück Schlauch – manche nehmen einen Gartenschlauch – umwickeln wir am Ende mit Dichtungshanf, wie ihn Installateure heute noch verwenden, und schieben ihn ein Stückchen in das Loch hinein. Der Hanf dichtet beim Hineinschieben die Verbindungsstelle ab, der Durchmesser des Schlauchs muss natürlich zu dem des Bohrlochs passen.

Als Auffangbehälter eignet sich ein Fünf-Liter-Kanister (wir nehmen solche, in denen man destilliertes Wasser kauft). In den Deckel des Kanisters wird ebenfalls ein 18-Millimeter-Loch gebohrt, in das das andere Ende des Schlauchs kommt.

Nun befestigt man den Kanister mit einer Schnur am Baumstamm, sodass das Birkenwasser gut nach unten hineinfließen kann. Dafür schlagen wir etwa 20 cm über dem Bohrloch einen Nagel in den Stamm, an dem der Kanister hängen kann. Dann heißt es warten, und nach zwölf Stunden ist der Kanister oft schon voll.

Jedes Jahr suchen wir einen Baum aus, den wir im vergangenen Jahr nicht angezapft haben. So können sich die Bäume jeweils schön erholen, und wir haben den Eindruck, dass keiner der Bäume bisher unter unserer Aktion gelitten hat. Sie sind vital und wachsen gut. Wer das nachmachen möchte und nicht wie wir einen eigenen Wald oder eine Birke auf dem Grundstück hat, sollte allerdings den Baumbesitzer vorher um sein Einverständnis bitten.

Sobald der Saft läuft, gehen wir meist zweimal täglich zur Birke und holen uns den abgetropften Saft ab.

Den geeigneten Zeitpunkt fürs Anbohren muss man mit etwas Gespür und Erfahrung herausbekommen: Es braucht ein paar wirk-

lich warme Tage mit Sonnenschein am Tag und nicht allzu niedrigen Temperaturen in der Nacht. Denn nur dann steigt der Saft in den Bäumen. Es gibt sogar eine Bauernregel, die besagt: »Wenn sich Sankt Walpurgis zeigt, der Birkensaft nach oben steigt.« Damit ist nicht das Datum der Walpurgisnacht vom 30. April auf den 1. Mai gemeint – dann sind die Birken schon grün –, sondern der 25. Februar, ein weiterer Gedenktag der heiligen Walpurga. Und tatsächlich taut es oft gegen Ende Februar.

Sobald nach einigen Wochen der Blattaustrieb beginnt, lässt sich kein Wasser mehr abzapfen. Der enorm starke Frühjahrssaftstrom des Birkenwassers ist für dieses Jahr vorbei.

Wir befreien unsere Birke dann von Schlauch, Nagel und Kanister, bedanken uns noch einmal bei ihr und verschließen das Bohrloch sorgfältig mit einem kleinen Birkenast, der mit dem Messer zurechtgeschnitzt und mit dem Hammer ins Loch geklopft wird. Die Birke verschließt die Wunde aus eigener Kraft innerhalb von ein bis zwei Tagen mit ihrem Harz.

Eine unserer hohen Birken, im Frühling noch ohne Blätter, die wir zur Gewinnung von Birkenwasser anzapfen.

Auch in diesem Jahr wurde es Ende Februar milder. Als dann die Nächte nicht mehr so kalt waren und man der Natur plötzlich beim Wachsen fast zuschauen konnte, gingen wir am 8. März erstmals in den Wald und bohrten die diesjährige Birke an. Am nächsten Tag stieg die Spannung: Förderte der Baum schon Wasser nach oben, und wie viel würde er uns davon abgeben? Tatsächlich: Einen halben Liter Wasser konnten wir bereits mit nach Hause nehmen. Tags darauf war es schon ein ganzer Liter, und in den folgenden Tagen stieg die Ausbeute täglich um einen Liter. So gewannen wir nach einer knappen Woche drei Liter Birkensaft pro Tag. Das ist eine gute Menge dafür, dass die Temperaturen noch sehr verhalten waren, nicht höher als 15 Grad maximal.

Am 19. März kam dann für eine Woche der Winter zurück. Es wurde kalt und es schneite, die Temperaturen rutschten in den Minusbereich ab. Und sofort stellte unsere Birke den Saftfluss ein. Ende März, nach drei schönen warmen Tagen mit Temperaturen von 17 bis 18 Grad, konnten wir wieder reichlich Birkensaft ernten. Franz brachte einen vollen Fünf-Liter-Kanister nach Hause. Gleich wurde probiert, und tatsächlich schmeckte der Saft süßer als der von Anfang März. Jeden Tag tranken wir nun ein bis zwei Liter selbst, den Rest verschenkten wir an Familie und Freunde.

Ich gehe auch gern tagsüber, wenn ich Zeit habe, die Viertelstunde zu unserer Birke und hole mir ein Glas Saft – Wasser wäre eigentlich der bessere Ausdruck, denn die Flüssigkeit ist klar wie Wasser und schmeckt auch fast so. Etwas süßlicher vielleicht und sehr weich und mild.

Wenn ich Birkenwasser hole, danke ich immer der Natur, dass sie uns ein solch wertvolles Lebensmittel zur Verfügung stellt. Ich danke auch unserer Birke dafür, dass wir ihr etwas von ihrem Lebenssaft nehmen dürfen, um unsere vom Winter geschwächten Körper und Seelen mit neuer, frischer Frühlingskraft zu versorgen.

BELEBENDE FRÜHJAHRSKUR MIT TRADITION

Vor allem in den nordischen Ländern mit ihren riesigen Birkenwäldern und in Osteuropa hat die Frühjahrskur mit Birkenwasser eine lange Tradition. Ihr wird reinigende und entgiftende Wirkung nachgesagt, sie soll gegen Rheuma und Haarausfall helfen und das Immunsystem stärken.

Anhänger der Signaturenlehre, die vom äußeren Erscheinungsbild einer Pflanze auf ihre Heilwirkung schließen, sprechen der schlanken Birke mit ihrer weißen Rinde und den hellgrünen Blättern die Qualitäten Jugendlichkeit, Frische, Fruchtbarkeit und Lebendigkeit zu. Diese Eigenschaften könne der Birkensaft den Menschen wiedergeben, wenn Leichtigkeit und Freude abhandengekommen seien, heißt es.

Bei uns wirkt der Birkensaft genau so: Wir fühlen uns nach den drei, vier Wochen, in denen wir Birkensaft trinken, wirklich besser. Und dann, als ob die Natur wüsste, dass der Mensch nun geheilt ist, versiegt der Saftfluss, denn die Birke braucht ihre Säfte jetzt selbst.

Ein paar Tage lässt sich der Birkensaft im Kühlschrank lagern, man kann ihn auch portionsweise einfrieren, aber wir trinken ihn nur frisch. Allerdings stelle ich jedes Jahr eine kleine Portion Birkentinktur her, von der wir uns immer dann einen Esslöffel voll gönnen, wenn uns der Schwung fehlt und wir ein wenig vom Licht des hellen Frühlings brauchen.

Mein

REZEPT

Birkentinktur mit Obstbrand

Menge nach Belieben:

Frische oder getrocknete Birkenblätter und -knospen

Obstbrand (38–42 % vol., ersatzweise Korn oder Wodka)

1 Ein Schraubglas zur Hälfte locker mit Birkenblättern und -knospen füllen und mit Schnaps auffüllen, sodass die Blätter vollständig mit Flüssigkeit bedeckt sind.

2 Das Glas an einen dunklen, kühlen Ort stellen und die Mischung drei Monate lang ausziehen lassen.

3 Die Tinktur abseihen und in eine saubere Flasche abfüllen.

◆ Die Tinktur ist mindestens ein Jahr haltbar. Meistens setze ich sie in jedem Frühling frisch an, weil sie nach einem Jahr verbraucht ist.

◆ Wir nehmen die Tinktur esslöffelweise ein, wenn wir uns – besonders in der dunklen Jahreszeit – müde und antriebslos fühlen und uns nach Licht und dem Schwung des Frühlings sehnen.

DIE WILDKRÄUTERSAISON BEGINNT

Sobald der Birkensaft steigt, spitzen auch die ersten Bärlauchblätter aus dem Boden. Am Simssee gibt es eine Fläche am Waldrand, auf der im zeitigen Frühling Bärlauch wächst, so weit das Auge reicht. Ich erweitere dann meine allmorgendliche Laufrunde und laufe extra an dieser Stelle vorbei.

BÄRLAUCH AM WEGESRAND

Tatsächlich schauten hier auch in diesem Jahr schon Anfang März Bärlauchblättchen aus dem Boden – noch ziemlich klein zwar, aber im Geschmack umso feiner. Jeden Tag pflückte ich mir eine schöne Portion ab, die sich gut in meiner Laufjacke verstauen ließ. So konnte ich meine Sporteinheit gleich mit etwas Nützlichem verbinden.

In den folgenden Tagen und Wochen konnte man dem Bärlauch beim Wachsen fast zuschauen. Und schon beim Vorbeilaufen stieg mir immer sein zarter Knoblauchduft in die Nase.

Auf feuchtfrischen Wiesen sprießen im zeitigen Frühling die Bärlauchblätter, eine wertvolle Vitaminquelle nach dem dunklen Winter.

In den letzten Jahren habe ich größere Bärlauchportionen immer im Mixer zu einem feinen, cremigen Pesto verarbeitet. Der Nachteil: Kleinere Mengen lassen sich auf diese Weise schlecht zubereiten. Außerdem braucht normales, haltbares Pesto ja viel Öl, und diese Menge Öl ist mir schwer im Magen gelegen. Ich muss allerdings dazu sagen, dass wir in der Bärlauchzeit sehr viel Pesto essen – wir sind regelrecht süchtig danach. Deshalb habe ich ein wenig herumprobiert und bereite meine Gewürzten Bärlauchstreifen inzwischen mit deutlich weniger Öl zu.

Mein

REZEPT

Gewürzte Bärlauchstreifen

Für 1 Glas à 200 ml:

eine gute Handvoll Bärlauchblätter

Kräutersalz, am besten selbst gemacht (siehe Seite 52)

Zitronensaft

frisch gemahlener schwarzer Pfeffer

Oliven- oder Rapsöl

1–2 EL Sonnenblumenkerne

1 Die Bärlauchblätter verlesen, waschen und in der Salatschleuder trocknen. Mit einem scharfen Messer in sehr feine Streifen schneiden.

2 In einer Schüssel mit Kräutersalz, einigen Spritzern Zitronensaft und frisch gemahlenem Pfeffer mischen. So viel Oliven- oder Rapsöl zugeben, dass der Bärlauch gut benetzt ist.

3 Die Sonnenblumenkerne in einer Pfanne trocken rösten und unter den Bärlauch mischen.

◆ Die Mischung schmeckt auf Brot, zu gekochtem oder gegrilltem Gemüse und Kartoffeln, in der Salatsauce oder auch als Nudelsauce.

◆ Die Bärlauchstreifen lassen sich wunderbar in kleinen Schraubgläsern einfrieren, halten aber auch einige Wochen im Kühlschrank. Bärlauch wird gern als natürliches Antibiotikum und Antimykotikum bezeichnet, weil er Bakterien und Pilzen den Garaus macht. Deshalb können sich auf Zubereitungen mit Bärlauch, im Gegensatz zu anderen Frühlingskräutern, kaum Schimmelsporen entwickeln.

Mein

REZEPT

Kräuterpesto

Für 2 Gläser à 200 ml:

200 g Kräuter (zum Beispiel Brennnesseln, Bärlauch, Vogelmiere, Giersch, wenig Gundermann und Löwenzahn, Scharbockskraut, Sauerampfer, Franzosenkraut, Gartenkräuter wie Petersilie, Estragon, Liebstöckel)

3 EL (30 g) Sonnenblumenkerne

50 g Käse (zum Beispiel Pecorino, Parmesan, alter Bergkäse)

200 ml Oliven- oder Rapsöl plus etwas mehr für die Ölschicht

Zitronensaft

Salz · frisch gemahlener schwarzer Pfeffer

1 Die Kräuter verlesen, waschen und trocken schleudern.

2 2 EL Sonnenblumenkerne in einer Pfanne trocken anrösten, auf einen Teller geben und auskühlen lassen.

3 Den Käse in Würfel schneiden und mit 1 EL nicht angerösteten Sonnenblumenkernen in einem leistungsstarken Mixer fein mahlen. Die Kräuter dazugeben und kurz mixen. Nach und nach 200 ml Oliven- oder Rapsöl hinzugeben und alles zu einer sämigen Masse verarbeiten. Mit einigen Tropfen Zitronensaft, Salz und Pfeffer abschmecken. Die angerösteten Sonnenblumenkerne unterrühren, nicht mehr mixen.

4 Das Pesto in kleine sterilisierte Schraubgläser füllen, glatt streichen und mit einer dünnen Ölschicht bedecken.

◆ Im Kühlschrank aufbewahrt hält sich das Pesto einige Wochen. Was nicht in zwei, drei Wochen gegessen wird, friere ich in den Gläsern ein.

Varianten

- Statt der Sonnenblumenkerne kann man auch Nüsse oder Mandeln in das Pesto mixen.
- Wenn man den Saaten- bzw. Nussanteil erhöht, den Ölanteil reduziert und eventuell noch etwas Wasser dazugibt, erhält man einen feinen gesunden Brotaufstrich. Er ist dann nur wenige Tage im Kühlschrank haltbar.

WALD- UND WIESENKRÄUTER IM MÄRZ

Etwa gleichzeitig mit dem Bärlauch kann man überall im Garten, unter der Hecke, auf der Wiese und am Waldrand die unterschiedlichsten Kräuter pflücken und verarbeiten. Ich hätte große Lust, den ganzen Tag unterwegs zu sein und dann daheim mit meiner grünen Beute zu experimentieren und die Ergebnisse zu verkosten. Doch auch wenn ich nicht alles schaffe, was ich gern ausprobieren würde – jeden Tag ein bisschen geht doch.

Dieses Angebot von ungespritzten, vor der Haustür gewachsenen, frisch geernteten Vitamin- und Nährstoffbomben lasse ich mir nicht entgehen. Dafür kaufe ich ab dem Frühling keinen Salat mehr.

Auf den Wiesen rund um unser Haus kann ich jederzeit Wildkräuter sammeln.

Täglich ernte ich nun die frischen Blättchen vom **Scharbockskraut.** Es hat seinen Namen vom Skorbut, der früher gefürchteten Vitaminmangelkrankheit, die man nach dem kargen Winter endlich mit dieser Vitamin-C-haltigen Pflanze bekämpfen konnte.

Giersch, Löwenzahn, Gundelrebe, Brennnessel und **Vogelmiere** verarbeite ich zu Kräutermus oder Pesto, gern in verschiedenen Mischungen – mal mit Bärlauch, manche, wie die Brennnessel, auch pur. Die Gundelrebe hat allerdings ein sehr starkes, würziges Aroma und eignet sich deshalb nur als Würze, nicht als Hauptbestandteil eines Pestos.

Je nachdem, was ich gerade finde, bereite ich auch mal nur ein kleines Gläschen meiner Kräutermischung zu, weil der Aufwand ja wirklich gering ist: Ich brauche nur ein Messer und ein Schneidebrett, muss keinen Mixer reinigen und kann nach Lust und Laune kombinieren.

Was nicht nach ein paar Tagen aufgegessen oder verschenkt worden ist, friere ich mitsamt den Gläsern ein. So habe ich im Winter einen Vorrat an wunderbar vitaminreichen Kräutern zum Kochen und muss keine traurige Treibhausware kaufen.

BRENNNESSEL – AUCH ZUM FRÜHSTÜCK

Die Brennnessel ist für mich eines der wichtigsten Wildkräuter. Ich koche sie wie Spinat oder mische sie in Suppen und Eintöpfe. Noch viel lieber aber verwende ich sie roh, weil dann ihre wertvollen Inhaltsstoffe maximal erhalten bleiben.

Ab März schneide ich laufend die zarten Triebspitzen ab. Sie wachsen immer wieder nach, und so können wir bis in den Herbst hinein junge Brennnesselblätter ernten.

Um mir beim Essen nicht den Mund zu verbrennen, wende ich einen einfachen Trick an: Nach dem Waschen und Trockenschleudern lege ich die Brennnesselblätter auf ein Arbeitsbrett und rolle mit dem Nudelholz einige Male darüber. So brechen die Brennhaare ab, und man kann die Blätter im Salat oder auf dem Butterbrot essen. Auf der Alm mische ich mir so behandelte Brennnesselblätter manchmal sogar ins Müsli, wenn ich Lust auf ein paar Vitamine habe und sonst gerade nichts Frisches vorhanden ist.

Morgens kommen jetzt im Frühjahr wieder frische Brennnesselblätter in meinen Frühstückstee und in den Smoothie und mittags ins Gemüse. Ich trockne Blätter für den Tee im Winter und verarbeite frische im Kräutersalz. Die Brennnessel enthält pflanzliches Eiweiß sowie reichlich Mineralstoffe und Spurenelemente, vor allem Eisen, die noch dazu vom Körper gut aufgenommen werden können. Im Frühling bringt die Brennnessel unseren Stoffwechsel wieder in Schwung, sie spült die Harnwege so richtig durch, leitet Giftstoffe und Stoffwechselrückstände aus und verleiht uns neue Vitalität.

GIERSCH GENIESSEN STATT BEKÄMPFEN

Giersch gehört zu den Wildpflanzen mit dem höchsten Eiweißgehalt, nämlich bis zu fünf Prozent. Wer ihn kennt, weiß, dass er sich durch einen fröhlichen Ausbreitungsdrang auszeichnet, manche sagen auch: Er wuchert. Mir ist das nur recht, kann ich doch von März bis zur Almzeit jeden Tag frisches Grün in rauen Mengen ernten und verarbeiten. Gerade in unserer schnelllebigen Zeit ist der Giersch so wertvoll, weil er der durch den täglichen Stress verursachten Übersäuerung des Körpers entgegenwirkt und die Harnsäure im Körper senkt. Ich liebe ihn frisch als Salat, wie Spinat als Gemüse zubereitet oder in Smoothies.

Das kleine Zuhaus in unserem Obstgarten diente früher als Wohnung der Altbauern, sobald sie ihr Anwesen an die Jungen übergeben hatten.

In unserem Obstgarten steht ein kleines altes Häuschen, das früher das »Zuhaus« war – das Austragshaus, in dem die alten Bauersleute ihren Lebensabend verbrachten, sobald der Besitz an die nächste Generation übergeben war. Die junge Familie brauchte mit ihren Mägden und Knechten das ganze große Bauernhaus, und die Alten zogen ins Zuhaus. An der Südseite unseres Häuschens breitet sich inzwischen mein Gierschfeld immer weiter aus, unter den Rosen- und den Weinstöcken, die wir an die Hauswand gepflanzt haben.

Seit vielen Jahren schon vermieten wir das Zuhaus als Ferienhäuschen, und immer wieder bleiben Spaziergänger stehen, weil es so fröhlich aussieht. Mit Unterstützung meiner Mutter habe ich Tür und Fensterrahmen vor Jahren in einem hellen Mintgrün gestrichen, Franz hat es renoviert und neu gedeckt, aber immer noch duckt es sich unter einen knorrigen alten, mit Moos bewachsenen Apfelbaum und wirkt wie aus der Zeit gefallen.

Im Erdgeschoss befindet sich ein großer Raum, in den Franz einen Holzbackofen hineingemauert und mit Lehm verputzt hat. Wir nennen ihn deshalb unseren Pizzaraum. Am Boden um den Ofen herum hat er ein Pflaster aus alten Ziegelsteinen verlegt und den Rest des Raums mit einem Holzboden ausgestattet. Von Zeit zu Zeit heizen wir den Ofen an, laden Familie, Freunde und Nachbarn ein und backen mehrere große knusprige Pizzen. Wenn nach einer Weile die Hitze im Ofen ein bisschen geringer geworden ist, backe ich noch ein paar Brote darin – sie schmecken einfach besser als die Brote aus dem Elektrobackofen.

SUPERHEILKRAUT LÖWENZAHN

Auch den Löwenzahn verwende ich nun fast jeden Tag. Blätter, Blütenknospen und gelbe Blüten – alles kommt bei mir in den Salat, ins Kräutersalz und in Pestos. Mit den Blüten setze ich einen Sirup an, der durch das Sonnengelb des Löwenzahns seine intensive Farbe bekommt und durch Zitronen und Rohrzucker einen süß-frischen Geschmack. Den Sirup setze ich dann in Salatsaucen und Süßspeisen ein. Die noch geschlossenen Blütenknospen lege ich süß-sauer ein wie Kapern.

Der Löwenzahn ist in allen Teilen die Superheilpflanze für Leber und Galle, man bezeichnet ihn auch als »Reiniger der inneren Bauchorgane«. Im Herbst gräbt man die Wurzel aus, trocknet sie und bereitet daraus einen Leber-Galle-Tee, den man vorbeugend trinkt oder auch, wenn man schon Beschwerden hat.

Mein

REZEPT

Löwenzahnsirup

Für etwa 4 bis 5 Flaschen à 500 ml:

1 kg Löwenzahnblüten

3 Biozitronen · 3 Bioorangen

2 kg Zucker

5–10 g Zitronensäure nach Belieben

1 Die Löwenzahnblüten an einem sonnigen Tag sammeln, ausschütteln und die gelben Blütenblätter vom grünen Blütenkelch abzupfen. Die Blüten in einer Schüssel 1 Stunde lang stehen lassen, damit die Kleintierchen aus den Blüten krabbeln und am Schüsselboden zurückbleiben.

2 In der Zwischenzeit Zitronen und Orangen heiß abwaschen und in Scheiben schneiden.

3 Die Blüten ohne Tierchen mit 3 Litern Wasser und den Zitronen- und Orangenscheiben zum Kochen bringen und einige Minuten köcheln lassen. Vom Herd nehmen und abkühlen lassen.

4 Abgedeckt 1 bis 2 Tage in einem kühlen Raum durchziehen lassen.

5 Dann die Mischung abseihen, die Blüten gut ausdrücken und wegwerfen.

6 Den Sud mit dem Zucker unter Rühren erhitzen und ohne Deckel bei schwacher Hitze köcheln lassen, bis der Sirup die gewünschte Konsistenz hat: Er soll honiggelb sein und eine leicht ölige Konsistenz haben. Man reduziert also die Flüssigkeit um ein Drittel oder sogar zur Hälfte.

7 In der Zwischenzeit kleine Flaschen auswaschen und sterilisieren.

8 Den Sirup abschmecken. Wer ihn gern etwas säuerlicher möchte, gibt noch Zitronensäure dazu.

9 Den Sirup in die Flaschen abfüllen und dunkel lagern.

◆ Löwenzahnsirup schmeckt gut mit Sprudelwasser aufgegossen als toller Durstlöscher an heißen Tagen, in Schorlen oder Cocktails, Salatmarinaden und als Abrundung für Antipasti.

Mein

REZEPT

Löwenzahnkapern

Für 2 Gläser à 200 ml:

3 Handvoll Löwenzahnknospen, am besten noch ganz grün und fest geschlossen

1 TL Salz

200 ml naturtrüber Apfelessig oder milder Obstessig

1 TL Löwenzahnsirup oder Honig

1 Die Löwenzahnknospen von frei stehenden Kelchblättern befreien, waschen und trocken schleudern. In eine Schüssel geben und gut mit dem Salz vermischen. Einige Stunden ziehen lassen.

2 In der Zwischenzeit ein großes Schraubglas waschen und sterilisieren.

3 Den Essig mit Sirup oder Honig aufkochen, die Knospen dazugeben und 5 bis 10 Sekunden mitkochen lassen, dabei ein- bis zweimal umrühren.

4 Die Knospen mit dem Essig in das sterilisierte Glas füllen, den Deckel zuschrauben und die Kapern mindestens zwei Wochen an einem kühlen, dunklen Ort ziehen lassen. Ungeöffnet etwa ein Jahr haltbar.

Variante: Auf diese Weise kann man auch die Knospen von Königskerzen, Nachtkerzen und Lindenblüten in gesunde wilde Kapern verwandeln. Die Knospen sollten dafür unbedingt noch fest geschlossen sein.

KRÄUTER- UND KNOSPENFÜLLE IM APRIL UND MAI

Im April kommen fast täglich neue Kräuter dazu: **Taubnessel** und **Frauenmantel, Wiesenschaumkraut** und **Brunnenkresse,** und zeitgleich kann man schon die ersten Baumknospen ernten. **Apfel-** und **Kirschbaumknospen** sind, kurz bevor sie aufspringen, enorme Energiespender. In allen Knospen befindet sich die vitale Kraft der Pflanze, etwa in Form von Phytohormonen, also Pflanzenhormonen, die unseren Hormonhaushalt und den Stoffwechsel ankurbeln – gerade im Frühjahr besonders wichtig.

Vitaminreiche Knospen am Apfelbaum, kurz bevor sie die Frühlingssonne aufspringen lässt.

Ich verwende sie wie andere Wildkräuter und Blüten in gemischtem Pesto, in Salaten, Smoothies und fürs Kräutersalz. Jeden Tag sammle ich um diese Zeit eine Schüssel voll Wildkräuter: Ich brauche nur aus dem Haus zu gehen, vorbei am Gemüsegarten, der erst langsam aus dem Winterschlaf erwacht und bestellt werden will, dann breitet sich eine Wiese voller **Schlüsselblumen** vor mir aus, mit einigen violetten Tupfen dazwischen, den ersten **Veilchen.** Einige Blüten pflücke ich ab, sie sind die bunten i-Tüpfelchen in meinen Wildkräutergerichten. Unter den großen Apfelbäumen finde ich **Taubnesseln** – die Blätter für den Salat, die Blüten als Dekoration obendrauf.

Zurück in der Küche lege ich einen Teil der Blüten und Kräuter auf ein Backblech zum Trocknen, ein Teil wird gleich frisch zu Kräutersalz verarbeitet, und aus dem dritten Teil bereite ich ein schnelles Pesto zu. So verfahre ich von März bis Ende Mai, also bis ich auf die Alm gehe, und habe dann schon einen großen Teil meiner Kräutervorräte für die Zeit danach konserviert. Und bei meinen vielen kleinen Abschiedsbesuchen vor der Alm sind meine Kräutergläschen als Mitbringsel immer willkommen.

Mein

REZEPT

Kräutersalz

Für 1 Glas à 250 ml:

100 g gemischte frische Kräuter, Blüten, Knospen

2 Knoblauchzehen

abgeriebene Schale von ¼ Biozitrone

200 g Steinsalz

Pfeffer

1 Kräuter, Blüten und Knospen, wenn nötig, waschen und trocken schleudern. Die Knoblauchzehen schälen. Alles in grobe Stücke schneiden.

2 Sämtliche Zutaten in einen Mixer geben und fein mixen.

3 Die feuchte Masse dünn auf einem mit Backpapier ausgelegten Blech verteilen und einige Tage trocknen lassen, am besten bei Zimmertemperatur, zum Beispiel auf einem Küchenschrank. Damit die Mischung nicht einstaubt, am besten mit einem Bogen Pergament- oder Backpapier locker abdecken, sodass die Luftzufuhr gewährleistet ist.

4 Die vollständig getrocknete Masse noch einmal fein mixen, eventuell noch einmal nachtrocknen lassen und in Schraubgläsern dunkel aufbewahren.

Um diese Zeit bemerkt man auch, wie viele wilde Kirschbäume es bei uns gibt: Überall leuchten die weißen Blüten an den noch frühlingshaft braunen und hellgrünen Waldrändern. Sobald die wilden Kirschbäume verblüht sind, fallen sie kaum mehr auf, auch die Kirschen, die im Sommer an ihren Ästen hängen – sofern die Vögel sie überhaupt reif werden lassen –, sind klein und unscheinbar.

Aus **Kirschblüten** habe ich mir dieses Jahr zum ersten Mal eine Kirschblütentinktur angesetzt, und ein paar Knospen und junge Blätter waren auch dabei.

Bis Ende Mai versuche ich, möglichst viele Kräuter zu sammeln und zu konservieren, weil es sie auf der Alm nicht in dieser Fülle gibt. Natürlich wachsen auch dort Kräuter, aber es sind andere. Außerdem nutze ich gern die geballte Energie der Vitalstoffe, die gerade die Frühlingskräuter enthalten.

Kräuter, Blüten und Knoblauch schneide ich erst in Stücke, bevor sie fürs Kräutersalz im Mixer fein zerkleinert werden.

Mitte Mai erblühen die ersten **Holundersträucher,** und diese Blüten brauche ich unbedingt für unseren winterlichen Anti-Erkältungs-Tee. Das heißt, ich trockne einen Teil der Blüten, und aus frischen Blüten setze ich einen Sirup an. Bei meinen Experimenten entstand aus einer Mischung von Holunderblüten und Zitronenmelisse ein sehr aromatischer Sirup.

Mein

REZEPT

Kirschblüten-tinktur

Die Kirsche lädt zu Optimismus und Lebensfreude ein und bringt wieder Begeisterung in unser Herz. Deshalb vertraue ich besonders in der dunklen Jahreszeit auf ihre aufhellende Wirkung und nehme ab und zu einen Esslöffel der Tinktur ein.

Menge nach Belieben:

Kirschblüten und -knospen, evtl. einige junge Kirschbaumblätter

Obstbrand (38–42 % vol., ersatzweise Korn oder Wodka)

1 Kirschblüten, -knospen und -blätter klein schneiden. Ein Schraubglas zu etwa zwei Drittel locker damit füllen.

2 Das Glas so weit mit Schnaps auffüllen, dass die Pflanzenteile vollständig bedeckt sind.

3 Das Glas verschließen und mindestens vier Wochen lang in einem kühlen Raum im Dunkeln stehen lassen. Ich lasse die Tinktur manchmal monatelang ziehen. Das Glas in der ersten Woche täglich einmal schütteln.

4 Die Tinktur abseihen und in dunkle Fläschchen füllen.

◆ Ich verwende die Kirschblütentinktur das ganze Jahr über, denn unter anderem unterstützt sie Leber und Galle.

Tipp: Bei Ohrenentzündungen täglich 1 bis 2 Esslöffel davon einnehmen. Außerdem die Tinktur auf einen Wattebausch träufeln und diesen leicht ins Ohr stecken – dabei aufpassen, dass genug Watte in der äußeren Ohrmuschel verbleibt, damit man die Watte wieder gut herausziehen kann.

Mein

REZEPT

Fichtennadelbutter

Die jungen, weichen Fichtentriebe, die im Mai so leuchtend hellgrün an den Enden der Fichtenzweige wachsen, wurden früher als willkommene Frischkost verzehrt. Man verarbeitete sie zu Likör und Bier, würzte damit Braten, Süßspeisen, Zucker und Öl und streckte in schlechten Zeiten sogar das Mehl damit. Heute werden die würzigen Triebe als Delikatesse wiederentdeckt. Ich mische sie zum Beispiel mit Butter zu einem Brotaufstrich, den ich am liebsten auf frischem Vollkornbrot mag. Aber auch im späteren Jahr kann man die Mischung noch zubereiten.

Für knapp 300 g Butter:

250 g gute Butter (am besten Sauerrahmbutter in Bioqualität)

10–15 junge Fichtentriebe (oder 3 EL ausgewachsene, vom Zweig abgelöste Fichtennadeln)

1–2 TL Steinsalz

abgeriebene Schale von 1 Biozitrone

1 Butter bei Zimmertemperatur weich werden lassen.

2 Die Fichtentriebe waschen, gut abtrocknen und sehr fein schneiden (ausgewachsene Fichtennadeln sehr fein hacken). Zusammen mit Salz und Zitronenschale mit einer Gabel unter die weiche Butter rühren.

3 Die Mischung in ein gewässertes Buttermodel aus Holz umfüllen. Wer kein Buttermodel hat, formt die Butter zu einer Rolle und packt sie in dickes

Pergament- oder Backpapier. Einige Stunden, besser über Nacht, im Kühlschrank durchziehen lassen, damit die Butter das volle Fichtenaroma annehmen kann.

Tipp: Fichtennadelbutter schmeckt nicht nur als Brotaufstrich gut. Ich friere im Mai auch immer einen Vorrat ein und verwende ihn im Herbst und Winter als Würze zu Wild- und Fleischgerichten.

Mein

REZEPT

Holunder-Zitronenmelissen-Sirup

Für etwa 4 bis 5 Flaschen à 500 ml:

20–30 Holunderblütendolden

1 Bund Zitronenmelisse (am besten kurz vor der Blüte geerntet)

3 Biozitronen

2 kg Rohrohrzucker

15–20 g Zitronensäure

1 Von den Holunderblütendolden die dicken Stängel abschneiden und wegwerfen, denn sie würden den Sirup bitter machen. Die Zitronenmelissenblätter und -blüten oder -knospen vom dicken Stängel streifen. Die Zitronen heiß abwaschen und in Scheiben schneiden.

2 3 l Wasser mit dem Zucker kurz aufkochen und dann so lange rühren, bis sich der Zucker aufgelöst hat.

3 Im Kochtopf oder in einer großen Schüssel den Zuckersirup mit Holunderblüten, Zitronenmelisse, Zitronenscheiben und Zitronensäure mischen.

4 Abgedeckt 2 bis 3 Tage an einem kühlen Ort ziehen lassen.

5 Kleine Flaschen waschen und sterilisieren.

6 Den Ansatz abseihen und die Flüssigkeit aufkochen lassen. So lange bei schwacher Hitze köcheln lassen, bis die gewünschte Konsistenz erreicht ist. Die Flüssigkeit sollte um etwa ein Drittel reduziert werden.

7 Den Sirup in die sterilisierten Flaschen abfüllen und an einem kühlen, dunklen Ort aufbewahren. Ungeöffnet ist er etwa ein Jahr haltbar. Nach dem Öffnen im Kühlschrank aufbewahren.

Auch auf der Alm sammle ich Kräuter, Beeren und Pilze. Das geht nebenbei, während ich auf langen Wanderungen meine Tiere kontrolliere.

WERTVOLLE GESCHENKE

Natürlich ist mir bewusst, wie privilegiert wir sind, mit einem riesengroßen Grundstück rund ums Haus, das meiste davon wilde Wiese, ungespritzt und ungedüngt, sodass man die Pflanzen direkt pflücken und in den Mund stecken kann. Und weil ich weiß, welches Geschenk ein solcher Besitz ist, versuche ich auch, ihn zu schätzen und so gut wie möglich zu bewahren und zu nutzen.

Dafür bilde ich mich ständig fort, denn je mehr ich über die Pflanzen, ihre Heilwirkungen und ihre Nährstoffe weiß, je sicherer ich sie bestimmen kann, desto besser kann ich sie nutzen. Je mehr ich dazulerne, desto mehr begeistert mich das Wissen um das ungeheure Nährstoffpotenzial, mit dem unsere Wildpflanzen uns neue Energie, Frische und Vitalität schenken. Ich muss es mir nur holen, und es kostet nichts.

Viele Wildpflanzenspezialisten sind außerdem überzeugt davon, dass in der Nähe jedes Menschen die Kräuter wachsen, die er gerade besonders dringend braucht. Dass Pflanzen fühlen und kommunizieren können, ist ja inzwischen allgemein akzeptiert. Dass sie aber auch erspüren, wenn der Mensch unter einer Krankheit leidet, und dass sie ihn dann durch besonders üppiges Wachstum auf sich aufmerksam machen, ihn quasi anstupsen und sagen: »Nimm mich mit, ich tu dir gut!« – daran zweifeln die meisten noch. Aber wer weiß?

Mein

REZEPT

Zitronenschale konservieren

Was nicht auf unserer Wiese wächst, aber trotzdem unverzichtbar geworden ist, speziell für meine Almzeit: Biozitronen. Klar käme ich auch ohne sie aus, aber diesen kleinen Luxus gönne ich mir – zum Würzen von Kuchen und Strudel, Salat und Topfenspeisen. Weil auf der Alm die Versorgung mit frischen Zitronen umständlich ist und weil die Hauptsaison für Biozitronen aus Italien und Spanien der Winter ist, konserviere ich die Zitronenschalen, sodass ich das ganze Jahr über einen Vorrat davon habe.

1 Ich kaufe eine Menge Biozitronen, die im Winter im Übrigen auch günstiger sind, wasche sie heiß ab und reibe sie trocken.

2 Dann schäle ich mit einem Sparschäler die gelbe Schale spiralförmig so ab, wie man Äpfel schält.

3 Die Spiralen hänge ich zum Trocknen über einen Kochlöffelstiel, den ich auf dem Kachelofen platziere oder über der Heizung. Man kann die Schalen natürlich auch auf einem Backblech mit Backpapier ausbreiten. In ein paar Tagen trocknen sie vollständig durch und können in Schraubgläsern aufbewahrt werden.

4 Im Mixer fein gemahlen, verleihen sie Gerichten eine köstliche Zitronennote. Zusätzlich mische ich einige Gläser Zitronenzucker und Zitronensalz (siehe Seite 62) zum Würzen von süßen und salzigen Speisen.

Mein

REZEPT

Zitronenzucker und Zitronensalz

Einen Teil der getrockneten Zitronenschalen mahle ich im Mixer fein und verarbeite sie zu Zitronenzucker und Zitronensalz. So kann ich den wunderbar frischen Zitronengeschmack in handlichen Gläschen auf die Alm mitnehmen und das Gewürz außerdem gut dosieren.

Zitronenzucker

Für 1 Glas à 100 ml:

Schale von 3–4 Zitronen, mit dem Sparschäler abgeschält

80 g Zucker

1 Die Zitronenschalen einige Tage trocknen lassen (siehe Seite 61). Sobald sie wirklich krachtrocken sind, sollten sie noch etwa 10 bis 15 g wiegen.

2 Die Schalen mit dem Zucker im Mixer fein mahlen und in saubere kleine Schraubgläschen abfüllen.

◆ Der Zitronenzucker ist vermutlich mindestens 1 Jahr haltbar. Bei mir wird er allerdings nicht so alt, weil ich ihn sehr häufig einsetze, inzwischen das ganze Jahr über auch daheim, nicht nur auf der Alm.

Zitronensalz

Für 1 Glas à 175 ml:

Schalen von 3–4 Zitronen, mit dem Sparschäler abgeschält

150 g grobes Steinsalz

1 Die Zitronenschalen einige Tage trocknen lassen (siehe Seite 61). Sobald sie wirklich krachtrocken sind, sollten sie noch etwa 10 bis 15 g wiegen.

2 Die Schalen mit 100 g Steinsalz im Mixer fein mahlen. Dann noch einmal etwa 50 g Salz hinzufügen und nur ganz kurz mixen. Ich mag es gern, wenn das Zitronensalz eine gröbere Textur aufweist und die Zähne noch etwas zu knuspern haben.

3 In saubere kleine Schraubgläschen abfüllen.

◆ Das Zitronensalz kann man für alle Salate, Gemüsegerichte, Pestos und Brotaufstriche verwenden oder eine Prise davon direkt aufs Butterbrot mit Schnittlauch oder aufs Käsebrot streuen – ein sehr aparter Genuss.

GEMÜSEGARTEN: PFLEGELEICHT

Meine Großtante hat ihr Leben lang den Gemüsegarten bestellt. Allein deshalb würde es mir in der Seele wehtun, ihn aufzugeben oder komplett verwildern zu lassen. Und er ist direkt von der Küche aus durch eine Tür erreichbar, was sehr praktisch ist, wenn man schnell mal eine Portion Schnittlauch oder einen Salatkopf fürs Mittagessen braucht. Allerdings ist es natürlich ziemlich ungünstig für einen Gemüsegarten, wenn sich die Gärtnerin den ganzen Sommer über auf der Alm aufhält. Wir haben uns also für einen Kompromiss entschieden: Der Garten wird so bestellt, dass er uns etwas Ernte bringt, sich der Pflegeaufwand aber in Grenzen hält.

Das Hochbeet im Gemüsegarten vorm Haus wird bereits im Frühling bepflanzt.

Ist der Schnee geschmolzen und der Boden aufgetaut, kümmere ich mich um die Beete, bringe Kompost aus und sorge für die erste Frühlingsbepflanzung, die schnell erntereif ist: Radieschen, Rettich, verschiedene Blattsalate und Kohlrabi. Bis Ende Mai sind die ersten zarten Gemüse und Salate dann schon geerntet, und auf die Beete kommen Rahner (so heißen bei uns die Roten Beten), Sellerie, Mangold, Zwiebeln und Kraut. Dazwischen wachsen bunt durcheinander Blumen und Kräuter: roter Mohn, Vergissmeinnicht, Zitronenmelisse, Frauenmantel, Ringelblumen und Pfefferminze. Am Rand stehen die Himbeeren, freier Boden wird mit Grasmulch bedeckt. So spenden sich die Pflanzen gegenseitig Schatten, der Boden trocknet nicht aus, und der Gießbedarf hält sich in Grenzen. Sobald ich nämlich auf der Alm bin, bleibt der Garten weitgehend sich selbst überlassen.

Wir freuen uns über alles, was quasi von allein wächst, und den ganzen Sommer über gibt es allerhand zu ernten. Gurken, Tomaten, Kürbisse und Zucchini auf dem Hochbeet brauchen nicht viel Pflege und bringen doch einigen Ertrag. Franz nimmt zu seinen Besuchen auf der Alm immer Gemüse und Obst mit, außerdem verarbeitet er für seine eigenen Mahlzeiten, was gerade reif ist, und größere Mengen friert er ein.

Meine Salate dekoriere ich gern mit Blüten, die der Garten gerade hergibt: zum Beispiel von Nachtkerzen, Borretsch und Kapuzinerkresse.

Die Ernte der vielen Beeren ist allerdings eine besondere Herausforderung, da vor allem bei Himbeeren, Johannisbeeren, Brombeeren und Jostabeeren (eine Kreuzung zwischen Stachelbeere und Schwarzer Johannisbeere) auf einen Schlag eine große Menge an Früchten anfällt, die sofort verarbeitet werden muss. Meist geht Franz dann frühmorgens noch vor der Arbeit in den Garten, pflückt die reifen Beeren und friert sie sofort ein.

Die Ernte von Äpfeln und Walnüssen können wir dann im Herbst wieder gemeinsam stemmen.

Ende Mai mache ich einen letzten Gang durch den Gemüsegarten. Ich bin schon unruhig, denn bald geht es auf die Alm. Die ersten Salate und Radieschen sind bereits verspeist, die Sommerbepflanzung steht. Gurken und Zucchini gedeihen hervorragend auf unserem Kompost, der mit Hühnermist und Heu gemischt ist. Nur meine Rahner sehen zerrupft aus, denn sie konnten sich heuer nur schwer gegen die Hühner behaupten. Die interessieren sich zwar in keiner Weise für rote Rüben, aber wissen genau, wo sich die fettesten Egerlinge verstecken: leider ausgerechnet unter den Rübensetzlingen. Die Hühner sind schließlich nicht dumm. Sie haben an genau zwei Stellen im Garten ausführlich gekratzt und die Maikäferlarven aus dem Boden geholt, alles andere haben sie brav stehen lassen.

Ich versuche nun noch, das Unkraut etwas in Grenzen zu halten, und ab der Almzeit arbeiten in unserem Garten dann nur noch Sonne, Wind und Regen. Franz darf hoffentlich trotzdem reichlich ernten.

Unsere Wurzeln

Zu Selbstversorgern wurden wir nicht über Nacht. Wir sind beide am landwirtschaftlich geprägten Alpenrand aufgewachsen, in Familien, in denen das Leben mit und von Tieren ganz selbstverständlich war, in denen man sich mit Obst, Gemüse und Feldfrüchten zum großen Teil selbst versorgte, in denen man mit Lebensmitteln achtsam umging, möglichst nichts wegwarf, die Mahlzeiten selbst frisch kochte und das Konservieren der Produkte für den Winter zum Alltag gehörte. In einer solchen Kindheit und Jugend kommt die Leidenschaft für gute Lebensmittel nicht von ungefähr.

MEINE KINDHEIT AUF DEM BAUERNHOF

Ich wuchs in einem kleinen Bauernhof mit Milchwirtschaft auf. Meine Eltern hielten gut ein Dutzend Milchkühe, dazu Jungvieh und Kälber. Der Verkauf der Milch und ab und zu eines Kalbes war unser Haupteinkommen, aber Lebensmittel wurden kaum gekauft, wir produzierten das meiste selbst.

Im Stall standen außerdem manchmal Schafe, wir hatten Hühner und Enten, Hasen, Katzen, einen Hamster und einen Wellensittich – und ganz weit weg ist schon die Erinnerung an unseren Hund Arco, einen Collie-Mischling.

Bei den Rindern war klar, dass sie – auch wenn sie noch so lieb und zutraulich waren – entweder verkauft oder irgendwann geschlachtet und aufgegessen wurden, ebenso Hasen, Hühner und Enten. Meine Eltern haben sie auf dem Hof geschlachtet, da wurde kein Geheimnis draus gemacht. Natürlich versuchte ich als Kind, mich zunächst dagegen zu wehren, dass meine Hasen getötet wurden, und ich weigerte mich auch, sie zu essen. Doch so lernte ich, dass die Tiere uns am Ende auch als Nahrung dienten und wir keinen Streichelzoo daheim hatten.

ALLES SELBST GEMACHT

Im Frühling bauten Mutter und Großmutter – die bei uns im Haus lebte – Gemüse an. Verschiedene Salate, Wurzelgemüse, Tomaten, Gurken, Bohnen und Kräuter waren im Garten fast immer in großer Fülle vorhanden, auch wenn ich das im Rückblick wohl etwas idealisiere. Ich weiß noch, wie wir Kinder es genossen, eine Gelbe Rübe aus dem Beet zu ziehen, nur oberflächlich die Erde abzuwischen und die Rübe in den Mund zu stecken. Dabei knirschte die Erde so lustig zwischen den Zähnen.

Auch der frisch geerntete Radi, der Bier-Rettich, ist uns Geschwistern noch gut in Erinnerung. Der wurde allerdings gründlich gewaschen, bevor er, strahlend weiß auf einem großen Brett, von meinem Vater in Windeseile mit einem scharfen Messer so geschnitten wurde, dass man ihn wie eine Ziehharmonika auseinanderziehen konnte. Mit Salz bestreut gab es den Radi oft abends nach der Stallarbeit mit frisch gebackenem Brot und Butter.

Brot, Kuchen und Plätzchen wurden ausschließlich selbst gebacken. Meine Mutter machte sogar Müslis und einen wunderbaren Nuss-Nougat-Aufstrich selbst. Den mochten wir zwar sehr, aber dennoch kann ich mich gut daran erinnern, wie wir uns klammheimlich freuten, wenn die Mama einmal morgens vergessen hatte, fürs Pausenbrot rechtzeitig Brot aus dem Gefrierschrank zu nehmen. Dann durften wir uns auch – wie die anderen – beim Bäcker eine Breze und eine Semmel kaufen. Noch heute liebe ich frische Bäckerbrezen! Alles muss man eben auch nicht selber machen.

PLÄDOYER FÜR DIE BÄUERLICHE TIERHALTUNG

Einmal hörte ich als Kind den Satz: »Die Tiere leben bis zum Zeitpunkt der Schlachtung gut von uns, und jetzt dürfen wir gut von ihnen leben.« Dieser Spruch kommt mir immer wieder in den Sinn: Wenn ich Tiere halte, trage ich eine große Verantwortung. Das Tier ist mir ausgeliefert, und ich muss und möchte dafür sorgen, dass es ihm bei mir gut geht, dass es sich wohlfühlt und so artgerecht wie möglich leben kann. Wenn ich schließlich dafür sorge, dass es ohne Stress getötet wird, habe ich kein schlechtes Gewissen und darf das Fleisch mit Respekt vor dem Tier verzehren.

Natürlich spielt immer Wehmut mit, wenn ein lieb gewonnenes Tier geschlachtet wird, am liebsten würden wir all unsere Tiere an Altersschwäche sterben lassen. Doch das ist eine schöne Illusion. Würde man alle Tiere eines natürlichen Todes sterben lassen und kein Fleisch mehr essen, wohin dann mit dem Fleisch der toten Rinder, deren Milch man brauchte, um Joghurt, Käse, Topfen, Rahm zu produzieren? All das essen ja auch Vegetarier, die kein Tier verzehren. Wohin mit den an Altersschwäche gestorbenen Hühnern, deren Eier wir gern genommen haben? Für keinen Bauern würde es sich lohnen, Tiere nur wegen der Milch oder ihrer Eier zu halten. Wenn wir alle Veganer wären und es keine Rinder-, Schaf-, Ziegen- und Hühnerhaltung mehr gäbe, dann würde sich unsere Kulturlandschaft dramatisch verändern. Keine gepflegten Almen mehr, keine Wiesen, keine Tiere auf der Weide. Heu würde nur noch für die Zoo- oder Haustiere gemacht. Klar ist Massentierhaltung einer der schlimmsten Auswüchse unserer sogenannten Zivilisation, klar ist es eine Katastrophe, dass ein Großteil der weltweit angebauten Feldfrüchte der Ernährung von Rindern dient, während Millionen Menschen hungern, klar kann es nicht so weitergehen, dass wir die Artenvielfalt vor unserer Haustür ruinieren. Aber für unsere bayerische Kulturlandschaft wäre es ein großer Verlust, gäbe es keine bäuerliche Tierhaltung mehr.

Mein

REZEPT

Nuss-Nougat-Aufstrich mit Hafer

Für 1 Glas à 500 ml:

100 g Hafer

6 EL (etwa 50 g) gemahlene Nüsse oder/und Saaten (zum Beispiel Walnüsse, Sonnenblumenkerne, Mandeln, Haselnüsse)

4 gestr. EL Kakao (30 g)

1 Prise Steinsalz

2 Msp. Zimt

nach Belieben Kardamom, Nelken und Vanille, gemahlen

1 Prise Zitronenzucker (siehe Seite 62)

100 g Honig

50 g Butter

50 ml Raps- oder Sonnenblumenöl

20 g Edelbitterschokolade

1 Den Hafer zu feinem Schrot mahlen. Mit Nüssen, Kakao, Salz und Gewürzen mischen.

2 Honig, Butter und Öl mit 150 ml Wasser unter Rühren langsam in einem Topf erwärmen, aber nicht kochen lassen, bis sich alles gut verbunden hat.

3 Die Hafer-Gewürz-Mischung dazugeben und mit dem Schneebesen gut verrühren. Bei schwacher Hitze kurz durchwärmen, aber nicht kochen, damit die wertvollen Inhaltsstoffe des Honigs nicht zerstört werden.

4 Die Schokolade darin schmelzen lassen. Je nach gewünschter Konsistenz noch etwas Wasser zugeben – die Masse quillt beim Abkühlen etwas nach.

5 Den Aufstrich in ein sauberes Schraubglas füllen. Er ist im Kühlschrank einige Tage haltbar.

◆ Meine Mutter hat diese feine Schokocreme oft für uns zubereitet anstelle von käuflichem Nuss-Nougat-Aufstrich, den sie viel zu süß und ungesund fand. Wir haben ihn gern teelöffelweise pur als Süßigkeit genascht oder als Aufstrich auf einer Scheibe Brot oder einer frischen Semmel gegessen.

OBST IN HÜLLE UND FÜLLE

Mein elterlicher Bauernhof war umgeben von einem riesigen Obstgarten, in dem wir vom Sommer bis spät in den Herbst Kirschen und Pflaumen ernteten, Äpfel, Birnen und Zwetschgen. Ich kann mich noch gut an eine gelbfleischige, runde Pflaumensorte erinnern, die himmlisch süß schmeckte, wenn sie rechtzeitig vom Baum kam. Es handelte sich wohl um eine Renekloden-art, deren Früchte lange hellgrün, fest und sauer waren und sich dann plötzlich gelb färbten. Dieser Tag durfte nicht übersehen werden, deshalb musste man höllisch aufpassen und regelmäßig nachschauen, ob der richtige Erntezeitpunkt schon gekommen war. Die Früchte wurden dann nämlich schnell weich und matschig, zerplatzten am Boden, und die Wespen ließen außer dem Kern nicht viel übrig. Pflückten wir die Pflaumen aber im exakt richtigen Zustand, backte meine Mutter in der Haupterntezeit jeden Tag frischen Pflaumendatschi, der mit einem verführerischen Duft aus dem Ofen kam – eine meiner eindrücklichsten Kindheitserinnerungen.

Etwas später waren dann die Zwetschgen reif, und es gab in den meisten Jahren eine regelrechte Schwemme von Früchten, die sofort verarbeitet werden mussten. Mit der Mutter standen wir oft tagelang in der Küche zum Zwetschgenauskernen. Neben Kompott und Marmelade machte meine Mutter daraus viele Bleche Zwetschgendatschi, die portionsweise eingefroren wurden. So konnten wir an den Sonntagen im Winter oft einen – fast – frischen Datschi genießen. Er wurde gefroren ins Backrohr geschoben und kurz aufgebacken. Bis der Kaffee fertig war, stand auch der duftende Kuchen auf dem Tisch. Einen Löffel Schlagrahm dazu – und der goldene Herbst kehrte für einen Nachmittag zurück.

Bei der Johannisbeer- und der Stachelbeerernte saßen wir Kinder viele Nachmittage lang nach der Schule an den Sträuchern, bis alle abgeerntet waren. Aus den Beeren wurde Marmelade gekocht, ein großer Teil auch portionsweise eingefroren für Kuchen und Nachspeisen. Wir hatten damals zwei große Gefriertruhen, die im Herbst randvoll waren mit Obst, Pilzen, Gemüse und Fleisch.

Die Äpfel wurden kühl gelagert. Wie in allen bäuerlichen Obstgärten gab es auch bei uns verschiedene Sorten: Klaräpfel, die schon im August reiften und heiß ersehnt waren nach einer langen Zeit ohne frische Äpfel, dann Tafeläpfel ab September, die aber nicht lange haltbar waren und schnell mehlig wurden, und Lageräpfel, die zu meinem kindlichen Erstaunen frisch vom Baum hart, sauer und geschmacklos waren und nach einigen Wochen im Obstlager süß und delikat wurden. Sie hielten bis März, April des nächsten Jahres und versorgten uns den ganzen Winter über mit Vitaminen.

Mein Vater hatte für Äpfel und Birnen einen Erdkeller unter dem Boden der Maschinenhalle gebaut. Dazu wurde ein großes Loch direkt in den Lehmboden gegraben. Hinunter führte eine Treppe, sodass man die langen, selbst gezimmerten Holzregale zu beiden Seiten des Raums mühelos erreichen konnte. Die Wände des kleinen Kellers bestanden aus Ziegelsteinen. Dadurch und durch den offenen Lehmboden war der Raum zwar trocken, aber kühl und luftfeucht – gerade richtig fürs Obstlager.

Fürs Lagern eignen sich aber nur die besten, unversehrten Früchte. Aus den anderen kochten wir Apfelmus oder trockneten sie im Dörrapparat.

Aus dem Fallobst konnte man im Nachbardorf Saft pressen lassen. Der Gartenbauverein verarbeitete dort in der öffentlichen Saftpresse die abgelieferten Äpfel und Birnen gegen ein geringes Entgelt zu Saft, den man in großen Fässern mit nach Hause nahm. Dort ging die Arbeit dann weiter: Unsere größten Töpfe waren den ganzen Tag lang im Einsatz. Sie standen im halben Dutzend auf dem riesigen Holzofen. Zunächst wurde Wasser zum Kochen gebracht, mit dem wir Hunderte Flaschen sterilisierten. Dann erhitzten wir den Apfelsaft und füllten ihn ab. Es war ein langer Tag mit anstrengender Arbeit, aber so verfügten wir das ganze Jahr lang über hervorragenden und gesunden Fruchtsaft aus dem eigenen Obst. Und er kostete uns quasi nichts, außer ein paar Mark fürs Saftpressen – und die eigene Arbeitszeit, wie bei so vielen langwierigen bäuerlichen oder hauswirtschaftlichen Tätigkeiten, die den meisten Menschen heute zu mühsam sind.

Unsere Walnussbäume lieferten so hohen Ertrag, dass wir das ganze Jahr über keine Nüsse kaufen mussten: Zum Backen, fürs Müsli und zum Knabbern am Abend gab es stets eigene Nüsse, die – wie ich inzwischen weiß – mit ihrem hohen Gehalt an Omega-3-Fettsäuren zu den gesündesten Nahrungsmitteln überhaupt zählen. Heute nennt man so etwas Superfood, für uns war es damals Alltagsnahrung.

Mein

REZEPT

Pflaumen- oder Zwetschgendatschi

Für 1 Backblech (ca. 35 × 45 cm):

1,5–2 kg Pflaumen oder Zwetschgen

150 g Topfen (20 oder 40 % Fett i. Tr.)

6 EL Öl

1 Ei (Größe M)

75 g Zucker

1 Prise Salz

etwas abgeriebene Schale einer Biozitrone oder 1 TL Zitronenzucker *(siehe Seite 62)*

300 g Dinkelmehl (Type 630)

1 Pck. Backpulver

evtl. 3–4 EL Semmelbrösel oder Erdmandelmehl

Zimtzucker zum Bestreuen

1 Die Pflaumen bzw. Zwetschgen waschen, abtrocknen, entlang der Einkerbung einschneiden und entkernen. Ein Backblech mit Backpapier auslegen.

2 Für den Teig den Topfen mit Öl, Ei, Zucker, Salz und Zitronenschale in eine Rührschüssel geben und mit dem Schneebesen oder den Quirlen des Handrührgeräts gründlich verrühren.

3 Mehl und Backpulver mischen, zum Topfen geben und zuerst mit den Knethaken des Handrührgeräts, dann mit den Händen rasch zu einem glatten Teig verarbeiten.

4 Den Backofen auf 180 °C vorheizen (Ober-/Unterhitze).

5 Den Teig zu einer großen Platte ausrollen und auf das Backblech legen. Wenn die verwendeten Früchte sehr saftig sind, den Teig mit Semmelbröseln oder Erdmandelmehl bestreuen. Pflaumen oder Zwetschgen dicht an dicht dachziegelartig auflegen.

6 Das Blech in den Ofen (mittlere Schiene) schieben und den Datschi etwa 30 bis 40 Minuten lang backen. Während der Backzeit ein- oder zweimal kurz die Backofentür öffnen, um den Dampf entweichen zu lassen. Dann zerfallen die Früchte nicht.

7 Den Datschi aus dem Ofen nehmen und noch heiß mit Zimtzucker bestreuen.

◆ Am besten schmeckt der Datschi ganz frisch mit Schlagsahne.

Tipp: Er lässt sich auch gut einfrieren. Einfach den gefrorenen Datschi in den auf 110 bis 120 °C (Ober-/Unterhitze) vorgeheizten Ofen schieben und kurz aufbacken – er schmeckt dann (fast) wie frisch.

Natürlich waren wir Kinder damals nicht gerade begeistert, wenn wir wieder einmal stundenlang Äpfel sortieren, Nüsse entkernen oder Beeren pflücken mussten. Da mein Vater sehr früh schwer krank wurde – er starb dann, als ich 18 war –, wurden wir Geschwister immer schon angehalten, auf dem Hof und im Haushalt mitzuhelfen. Bei der Stallarbeit musste man mir das nicht zweimal sagen, da war ich mit Vergnügen dabei. Obst zu ernten und zu verarbeiten gehörte damals aber nicht zu meinen Lieblingsbeschäftigungen. Doch im Nachhinein bin ich meinen Eltern dankbar, dass sie mir von Anfang an die Augen für die Gaben der Natur geöffnet haben. Wie so viele Menschen komme auch ich als Erwachsene wieder zu meinen Wurzeln zurück und versuche, das Erlernte aufzunehmen und zu nutzen – auch weil ich erkenne, wie sinnvoll und bereichernd es ist.

DIE BERGBAUERNFAMILIE VOM FRANZ

Mein Mann Franz stammt aus einer Bergbauernfamilie. Er selbst ist aber nicht mehr auf dem heimatlichen Hof aufgewachsen, einem »Sachl«, wie man bei uns ein eher kleines bäuerliches Anwesen nennt. Franz' Vater hat für seine junge Familie damals ein Haus im Tal gebaut. Die Verbindung zu Onkel und Tante, die bis zu ihrem Tod dort oben am Fuß der Kampenwand lebten, war aber sehr eng, sodass der kleine Franz oft mit dem Fahrrad die wenigen Kilometer hinaufradelte.

BACKEN, DÖRREN, SCHLACHTEN …

Nach der Schule, in den Ferien – helfende Hände waren auf dem Hof jederzeit willkommen. Und sei es, dass Holz gehackt und gestapelt oder der große Backofen eingeheizt werden musste. Zu tun gab es immer, und für den kleinen Franz war es immer spannend. Außerhalb des Bauernhauses gab es ein extra Backhaus, in dem sich nicht nur der Brotbackofen, sondern auch der Dörrofen befand. Beide wurden mit Holz beheizt, und wenn die zum Trocknen vorgesehenen Birnen und Zwetschgen »zeitig« waren, wie man bei uns sagt – wenn sie also reif waren –, dann musste der Ofen Tag und Nacht die Temperatur halten, damit die Früchte trockneten und nicht schimmelten.

Dörrzwetschgen und Kletzen (wie Dörrbirnen hier heißen) stellten schließlich – zusammen mit einigen Lageräpfeln, eingewecktem Holunder und ein paar Wildfrüchten – den Wintervorrat an Obst für die Familie dar. Gefriertruhen hatte man auf dem Berg nicht.

Mit den Kletzen buk Franz' Tante Resi im Advent viele Kletzenbrote, die traditionellen Geschenke in der Adventszeit unter der Verwandtschaft und für die Patenkinder. Auch der kleine Franz freute sich jedes Jahr auf sein Kletzenbrot, das dann an Weihnachten feierlich angeschnitten und mit der ganzen Familie genussvoll verzehrt wurde.

Die Familie produzierte so viele Kletzen, dass sie früher sogar das magere Einkommen damit aufbessern konnte: Noch vor einem halben Jahrhundert, erinnern sich die Älteren, wurden ganze Gummiwagen voll Kletzen an den Bahnhof nach Prien gefahren und dort an Händler verkauft, die die Kletzen dann an die Münchner Wochenmärkte lieferten.

Das gesamte Brot für die große Familie wurde ebenfalls im Holzbackofen hergestellt. Alle ein bis zwei Wochen, so erinnert Franz sich bis heute, öffneten die Tante Resi und ihre Mutter die große Holztruhe, in der der Mehlvorrat lagerte, und mischten den Teig in einem riesigen Trog. Zu zweit kneteten die Frauen die zähe Teigmasse für mehrere große Brotlaibe. Es war eine schweißtreibende Arbeit, traditionell Frauensache, aber kräftige Kinderhände durften durchaus mitmachen.

Bestimmte Birnensorten werden getrocknet und heißen dann Kletzen. Früher waren sie im Winter begehrte Leckereien.

Geschlachtet wurde natürlich am Hof – für die Kinder ein seltenes Ereignis, eine spannende Abwechslung, denn auf einem solchen Hof hielt man sich normalerweise nur eine Sau, selten auch mal zwei. Die Buben durften dann am Schlachttag das Blut für die Blutwürste rühren, was man gleichmäßig und ausdauernd tun musste, damit das Blut nicht vorzeitig stockte. Das Fleisch wanderte zum Räuchern auf den Dachboden, um es

Mein Mann Franz kommt aus einer großen Familie von Chiemgauer Bergbauern.

zu konservieren: Am Kamin wurde ein Türchen geöffnet, und auf die im Inneren angebrachten Haken hängte man die Fleischstücke. So nutzte man einfach den Rauch des Küchenholzofens, der täglich befeuert wurde.

ZUFRIEDENHEIT – TROTZ ALLEM

Es muss ein hartes Leben gewesen sein, dort oben am Nordhang der Kampenwand: Nicht einmal acht Monate lang, von Mitte März bis Oktober, erreicht die Sonne den Hof – und auch das nur für ein paar Stunden am Tag. Während des übrigen Jahres liegt das Anwesen im Schatten des mächtigen Chiemgauer Felsmassivs, viereinhalb lange Monate. Ab Allerheiligen trifft kein Sonnenstrahl mehr das Haus, und erst weit nach Lichtmess tauchen die ersten kleinen Sonnenflecken auf dem Dach auf. Der wunderbare Ausblick auf den glitzernden Chiemsee zu ihren Füßen entschädigte die Bewohner wohl kaum für die fehlende Sonnenwärme. Und doch kamen viele Generationen der Familie meines Mannes mit diesen harten Lebensbedingungen zurecht. Sie waren glücklich, dass sie genug zu essen hatten, dass sie Gras für ihr Vieh und reichlich Holz zum Heizen hatten. Die alten robusten Obstbaumsorten brachten auch in ungünstigen Lagen gute Erträge, sie waren schließlich bestens an die Bedingungen angepasst und nicht so empfindlich wie viele moderne Züchtungen. Es herrschte große Dankbarkeit und Zufriedenheit, dass man nicht hungern und frieren musste und abends auf der Hausbank ausruhen konnte mit Blick ins Tal.

Diese Zufriedenheit scheint sich in der Familie vererbt zu haben, denn sie ist eine Eigenschaft, die ich an meinem Mann sehr schätze. Da ergänzen wir uns hervorragend, denn ich tendiere zum Perfektionismus und will oft zu viel auf einmal. Ruhe und Zufriedenheit in meinem Leben mehr Raum zu geben, das lerne ich auch durch ihn. Ohne ihn hätte ich zudem nie mein Erbe antreten und zu dem machen können, was es heute ist.

WIE WIR UNS EIN ZUHAUSE GESCHAFFEN HABEN

Es war einmal ein riesengroßes altes Bauernhaus, über 400 Jahre alt, mit einem Stall und einem Geräteschuppen, einem großen Obstgarten, einem Stück Wald und ein paar Äckern und Wiesen. Das Bauernhaus war lange nicht renoviert und viele Jahre nur von zwei alten Leuten bewohnt worden: von meiner Großtante Zenz und ihrem Mann Franz.

Jetzt wohne ich dort mit meinem Mann, denn vor über zwanzig Jahren übergaben die beiden mir ihren Bauernhof samt Grundstücken drum herum. Ganz offiziell, mit Grundbuch und Notar.

UND DAS KAM SO

Zenz und Franz hatten keine Nachkommen. Wir drei Geschwister waren mit meinen Eltern oft ausgerückt, um den beiden Alten zur Hand zu gehen. In meiner Kindheit bewirtschafteten sie ihren Hof noch nach alter Manier. So wurde bei der Heuernte das mit der Sense gemähte Gras auf Hiefeln und Schwedenreitern getrocknet – das sind spezielle Holzgestänge, an denen das Heu aufgehängt wird, sodass die Sonne es trocknen, der Regen aber abperlen kann. Ihnen begegnet man heute nur noch im Freilichtmuseum oder an entlegenen Berghängen. Wir Kinder spielten unter den wunderbar duftenden Heuvorhängen Verstecken. Der Geruch von frischem Heu löst auch heute noch lebendige Kindheitserinnerungen in mir aus.

Eines der Geräusche, die ich eng mit meiner Kindheit verbinde, ist das Hämmern und Klopfen, das aus der Scheune drang, wenn mein Großonkel die Sensen dengelte. Oder wenn er sie dann mit dem Wetzstein schärfte – dieses Geräusch erzeuge ich inzwischen selbst, wenn ich auf der Alm Disteln und Brennnesseln mähe und das Sensenblatt stumpf geworden ist. Dass er mir das Dengeln nicht beigebracht hat, tut mir heute noch leid, denn ich könnte diese Fertigkeit gut gebrauchen. Es gibt nicht mehr viele Leute, die die Kunst des Sensendengelns beherrschen. Wie schade, wenn sie aussterben würde. Heutzutage gibt es Geräte, die eine Sense in null Komma nichts geschärft haben. Aber die Feinarbeit, die eine menschliche Hand beim Dengeln und Wetzen an den Tag legt, die ist durch eine Maschine nicht zu ersetzen. Jeder Bauer hat früher seine ganz spezielle Sense regelrecht geliebt.

Bei Nieselregen suchen unsere Hühner gern Schutz am Eingang vom Zuhaus, heute die Tür zu unserem Pizzaraum mit Holzbackofen.

Der Hof von Zenz und Franz ist mir von jeher eine zweite Heimat. Wir fuhren mit den Eltern so gut wie nie in Urlaub, das ging auf einem Bauernhof einfach nicht, und so hatten wir bei der Großtante, ein paar Kilometer von daheim entfernt, ein wenig Abwechslung. Schon als ich noch in der Ausbildung war, hatte die Tante mit meinen Eltern vereinbart, dass ich ihr Anwesen einmal erben sollte, wenn ich bereit wäre, die beiden bis zu ihrem Lebensende auf dem Hof zu pflegen.

Die beiden hatten das große Glück, dass ich Krankenschwester wurde. Sie zogen, als sie den Hof nicht mehr bewirtschaften konnten und ihnen das große Haus zu beschwerlich wurde, in ihr Austragshäusl in Sichtweite des Bauernhauses. In den alten Hof zogen Franz und ich dann nach unserer Hochzeit ein – allerdings hatten wir vorher monatelang renoviert, besser gesagt: grundsaniert. Ohne die Kenntnisse von Franz, der als Maurermeister viel selbst erledigen konnte, und ohne die Unterstützung der Familie wäre es nicht so schnell gegangen. Wir waren Anfang zwanzig und wohnten glücklich im frisch renovierten Bauernhaus meiner Großtante. Bis heute bauen wir allerdings um, denn ein so großes Haus ist immer irgendwo auch eine Baustelle. Aber wir achten und schätzen den Stil des alten bäuerlichen Hauses und sind uns der Verantwortung bewusst, das Erbe zu bewahren, das meine Vorfahren unter großen Entbehrungen aufgebaut und erhalten haben.

Im Lauf der Jahre verschlechterte sich der Gesundheitszustand der beiden Alten sukzessive, sodass ich nach meiner Vollzeitarbeit im Krankenhaus auch noch daheim eine volle Pflegeschicht zu schieben hatte. Ich reduzierte meine Arbeitszeit schließlich auf die Nachtdienste, damit ich tagsüber daheim sein konnte – und geriet zum ersten Mal in meinem Leben an meine körperlichen und mentalen Grenzen. Doch eigentlich war das in der Rückschau der erste Schritt in Richtung Alm.

Nach dem Tod von Onkel und Tante wollte ich nicht mehr Vollzeit ins Krankenhaus zurückkehren und schaute mich nach Alternativen um. Inzwischen bin ich in der glücklichen Lage, als erfahrene Pflegekraft vergleichsweise einfach vier Monate im Jahr aussetzen zu können, um dann – gestärkt von der Alm – wieder für acht Monate im Pflegedienst tätig zu sein.

AUF DEM WEG ZU SELBSTVERSORGERN

Diese lange gemeinsame Zeit und die viele Arbeit, die wir geleistet haben, und nicht zuletzt die gemeinsam erreichten Ziele haben uns stark gemacht und zusammengeschweißt. Unsere Interessen entwickeln sich zunehmend in die gleiche Richtung – eben auch, was die Selbstversorgung mit Lebensmitteln betrifft. Es macht uns große Freude, zu experimentieren und auch – nach der einen oder anderen Enttäuschung – über Fehlschläge zu lachen, daraus zu lernen und es noch mal zu versuchen. Wir backen Brot und Kuchen, kochen ein und räuchern Fleisch, machen Wurst und Käse, pflücken Wildbeeren und kochen Chutney und Saucen, Marmelade und Gelee, trocknen Früchte, Kräuter und Gemüse und erfinden ständig Neues. Acht Monate lang gemeinsam daheim

Auch bei unseren Arbeitsgeräten versuchen wir zunehmend, auf Plastik zu verzichten. Die Blechgießkannen sind natürlich etwas schwerer.

und vier Monate lang weitgehend getrennt auf der Alm und im Tal. Damit können wir beide momentan gut leben.

Dabei freuen wir uns auch, wenn wir gute Produkte eintauschen können: Habe ich viel Apfelsaft, dann verschenke ich den gern an Bekannte, die, sagen wir, Sauerkraut selbst machen und mir davon etwas abgeben. Wir haben noch keinen tragenden Quittenbaum, aber viele Zwetschgen und tauschen im Herbst Zwetschgen gegen Quitten, Nüsse gegen guten Imkerhonig, Wildfleisch gegen eine Dienstleistung. So helfen uns meine Eltern beispielsweise während der Almzeit: Meine Mutter schaut immer wieder im Haushalt und im Garten nach dem Rechten, und ihr Mann mäht im Sommer den Obstanger und hilft beim Äpfelpflücken. Dafür bekommen sie von mir gute Almprodukte, Kräutersalz und Himbeeressig und von Franz selbst gemachte Würste und Wildfleisch. Wir wollen nicht auf Biegen und Brechen alles selbst erzeugen, um autark zu sein. Unser Ansatz der Selbstversorgung funktioniert nur im Austausch mit Freunden und Gleichgesinnten.

Geschenk einer lieben Freundin: Unser Gartenwichtel beschützt den Gemüsegarten.

Wir versuchen, Verpackungsmaterial zu vermeiden, möglichst wenige verarbeitete Produkte zu verwenden und unsere Lebensmittel und andere notwendige Dinge aus der Umgebung zu beziehen oder – wenn sie mal von weiter herkommen – von handwerklichen Produzenten. Kürbiskernöl schmeckt nun mal am besten, wenn es aus der Steiermark kommt, und gutes Olivenöl beziehen wir direkt von Freunden aus Ligurien.

Auch das Herstellen von Gerätschaften, soweit möglich, gehört zur Selbstversorgung: So hat Franz etwa einen Räucherkasten für Fleisch oder den besagten Hühnerstall mit viel Liebe und guten Ideen selbst gebaut. Das ist wie früher, macht Freude und Freunde, und jeder hat etwas davon. Ganz abgesehen davon, dass es einfach erfüllend ist, mit der eigenen Hände Arbeit etwas Gutes und Wertvolles herzustellen und nicht nur zu konsumieren.

Bevor ich auf die Alm gehe, können wir schon die ersten Salate und Frühlingsgemüse ernten. Dann bepflanze ich die Beete noch mit pflegeleichtem Sommergemüse, das weitgehend sich selbst überlassen wird. Franz gießt, wenn nötig, und erntet, was reif ist.

Natürlich hat jeder Mensch nur eine begrenzte Lebenszeit und in dieser auch nur eine begrenzte Zeit, in der er nicht seinen Lebensunterhalt verdienen muss. Deshalb sollte die Herstellung von Lebensmitteln und sonstigen Dingen Freude und Erfüllung bereiten und den Menschen bereichern. Stressen lassen sollte man sich dadurch nicht. Das versuchen wir zu leben – und es gelingt uns von Jahr zu Jahr besser.

Bald geht's los! Die letzten Vorbereitungen

Allmählich wird's ernst. In den letzten Mai- oder ersten Junitagen wird aufgetrieben, sagen meine Bauern. Den genauen Termin legen sie kurzfristig fest, je nach Wetter. Es muss außerdem ein Wochenende sein, damit die Treiber, die die Tiere bergauf begleiten, auch Zeit haben. Das Frühjahr war warm und sonnig, der Winter in den Bergen schneearm, sodass die Vegetation schon früh wieder erwacht ist. Bald ist so viel Gras auf den hoch gelegenen Weiden über dem Spitzingsee gewachsen, dass die Tiere genug Futter finden.

Ich habe meine letzten Schichten im Pflegedienst bis Mitte Mai abgeleistet und bereite mich nun auf meine Abreise vor. Haushalt, Buchhaltung und Garten müssen auf den neuesten Stand gebracht werden. Ich mache lange Packlisten und halte mich dann doch nicht dran. Immer wieder fällt mir noch etwas ein, was zu erledigen ist, was ich besorgen muss, wem ich noch was sagen, erklären, vorbeibringen muss, von wem ich mich noch verabschieden möchte. Dabei habe ich das Wichtigste, die langfristigeren Vorbereitungen, längst abgeschlossen.

MELKKURS BEI DER ANNI

In meine Pläne hatten sich schon am Ende des Winters immer wieder Zweifel eingeschlichen: Würde ich meinen ersten Almsommer ganz ohne Strom wirklich bewältigen? Das Melken mit der Hand traute ich mir ja eigentlich zu – wenn es die Sennerinnen in den Jahren davor auch geschafft hatten, warum sollte ich das nicht packen? Andererseits hatte ich gehört, dass man am Anfang mit Sehnenscheidenentzündungen kämpfen würde und manche Sennerinnen sich deshalb vorbeugend die Hände bandagierten. So etwas konnte ich auf der Alm überhaupt nicht gebrauchen. Doch kaum hatte ich beim Ratsch mit einem Handwerker – wir saßen während unseres Hausumbaus gemeinsam beim Mittagessen – von meinen Bedenken erzählt, schickte mir der Himmel eine Lösung: Konrad hatte einen Bauernhof geerbt, von seinen Nachbarn, die, ebenfalls ohne Erben, ihren Hof zu Lebzeiten mit Mägden und Knechten und der Unterstützung der Nachbarschaft bewirtschaftet hatten. Die letzte verbliebene Magd Anni kümmert sich nun seit vielen Jahren fast ganz allein um den Hof. Er ist ihr Leben, die Tiere sind ihre Freunde, das Arbeiten in der Natur ist ihr Lebenselixier.

In Annis Stall sieht es noch aus wie in meiner Kindheit: Unter dem schönen alten Gewölbe werden die Kühe mit duftendem Heu gefüttert.

»Bei der Anni«, meinte Konrad, »kannst das Handmelken lernen. Die hat das ihr Leben lang gemacht, und außerdem freut sie sich über ein Madl, das ihr a bissl zur Hand geht.«

Die Freude war ganz auf meiner Seite, und schon am nächsten Tag radelte ich die halbe Stunde am Simssee entlang, um Anni und ihren Hof kennenzulernen.

Fast den ganzen April und Mai hindurch half ich ihr dann täglich bei der Stallarbeit, und im Gegenzug brachte sie mir bei, wie man mit der Hand melkt. Je nachdem, ob ich Früh- oder Spätdienst hatte, war ich morgens oder abends, vor oder nach der Arbeit zur Stelle. In der Früh fiel es mir zugegeben schwerer. Anfang April war es ja noch stockfinster, wenn ich mich um fünf Uhr aus dem Bett quälte und nach einer Katzenwäsche aufs Fahrrad stieg – ohne Frühstück, damit ich pünktlich um 6 Uhr bei der Anni war.

Immer freundlich, immer am Arbeiten: Anni, die mir das Handmelken beigebracht hat.

Auf dem Hof angekommen schlüpfte ich gleich in den Stall, wo Anni mich schon erwartete. Die heimelige Wärme, die durch die großen Tiere in dem alten Stall herrschte, ließ meine eiskalten Finger auftauen und entschädigte mich fürs frühe Aufstehen. Nach wenigen Tagen schon kannten mich die Kühe und die Kälber und muhten leise zur Begrüßung.

Anni verfügt zwar schon seit Jahren über eine Melkmaschine, aber das Handmelken von früher, das hat sie nicht verlernt. Eine einzige Milchkuh steht noch in Annis Stall, Berta, eine betagte Dame, die nicht mehr viel Milch gibt. Es reicht für Annis Eigenbedarf und für Kälber und Katzen.

Die Kuh hatte zu meinem Glück auch die Gelassenheit älterer Tiere und ließ meine ersten ungeübten Melkversuche geduldig über sich ergehen. Wenn es ihr zu viel wurde, tänzelte sie auf der Stelle oder hob ein Bein an zum Zeichen, dass sie keine Lust mehr hatte. Anni lenkte sie dann schnell mit einer Leckerei ab – Brot, Getreidebruch oder etwas Salz –, und ich konnte weitermelken.

Anfangs ließ meine Kraft in den Händen schnell nach, und ich musste öfter kurze Pausen einlegen, doch schon nach einigen Tagen konnte ich die Kuh zügig zu Ende melken. Die Fingerkraft baut sich wie beim Sporttraining relativ schnell auf, und auch eine verbesserte Technik hilft sehr.

MIT DER HAND MELKEN

Zu Beginn muss man die Kuh anrüsten und anmelken, auch wenn man eine Melkmaschine benützt. Das kannte ich ja schon aus meiner Kindheit. Anrüsten bedeutet, dass man durch eine leichte Massage des Euters den Milchfluss anregt. Vorher muss das Euter von Schmutz gereinigt werden, wozu man früher einfach einen nassen Lappen nahm, während man heute spezielle, sehr feine Holzwolle verwendet, um die Verkeimungsgefahr gering zu halten. Dann streicht man mit der Hand aus jeder der vier Zitzen einen feinen Strahl Milch. So werden eventuelle Keime an der Zitze weggespült.

Nach kurzem Warten kann man nun mit dem Melken beginnen, und die Milch fließt in einem schönen Strahl – solange die Kuh nicht in Stress gerät. Durch Unruhe im Stall, wenn etwa plötzlich jemand hereinkommt und stört, gerät der Milchfluss ins Stocken. Man kann die Kuh dann striegeln, ihr beruhigend zureden oder sie mit ein wenig Kraftfutter verwöhnen. Dadurch entspannt sie sich meist sehr schnell, und die Milch fließt wieder. Die persönliche Beziehung zwischen Melkerin und Kuh ist da sehr wichtig – kaum vorstellbar, wie sich die Tiere in den modernen volltechnisierten Melkständen fühlen müssen.

Zu Beginn des Melkens ist das Euter prall und voll, dann wird es immer weicher, je mehr es sich leert. Zu beurteilen, wann man die Kuh leer gemolken hat, ist Gefühlssache.

Im Lauf der Wochen lernte ich Annis Kuh immer besser kennen und machte mir keine Sorgen mehr, dass ich das Handmelken auf der Alm nicht ebenso schaffen würde.

Diese Stunden bei der Anni genoss ich auch deshalb so sehr, weil ich mich fast schon auf die Alm versetzt fühlte. Der Hof ist allerdings viel größer und stattlicher, ein eindrucksvolles Gebäude, das unter Denkmalschutz steht, aber schon lange nicht mehr renoviert wurde. Man fühlt sich im Haus und in dem schönen alten Stall fast wie in ein anderes Jahrhundert zurückversetzt. Die Schwalben fliegen durch die stets gekippten Stallfenster pfeilschnell ein und aus und versorgen ihre Jungen in den zahlreichen Nestern, die sie unter die Decke und an die Balken geklebt haben. Früher freute man sich über die Vögel, die nach altem Glauben Unwetter, Blitz, Donner, Feuer und Viehseuchen vom Stall fernhielten, wenn sie dort nisteten. Heute machen putzwütige Menschen, versiegelter Boden, moderne Architektur und eine ständig zurückgehende Insektenvielfalt den einstigen Glücksbringern das Leben schwer.

Anni wäre schon längst in Pension, hätte sie angestellt gearbeitet. Doch Ruhestand wäre nichts für sie: Dünn und zäh, wie sie ist, braucht sie ihre Arbeit mit den Tieren wie das tägliche Brot. Neben den Kühen hält sie Ziegen und Hühner, ihre Gänseschar liebt das Bad im Flüsschen, das am Grundstück vorbeifließt, und hinter dem Haus grasen Alpakas. Während ich im Stall arbeite und nach dem Melken noch ausmiste – wie früher karre ich den Mist mit der Schubkarre hinaus auf den Misthaufen –, versorgt Anni die anderen Tiere, heizt den Küchenofen ein, kocht Kaffee und deckt den Tisch. Nach der Stallarbeit frühstücken wir gemeinsam mit Brot und Butter, selbst gemachter Marmelade und Kuchen. Betritt man das Haus, duftet es nicht selten nach dem Apfelkuchen, den sie am Abend zuvor für mich gebacken hat. Es riecht nach Holz, Rauch und Ruß – wie früher daheim. Ich freute mich auf jeden Tag, den ich zu ihr kommen durfte.

DIE SCHWEINE KOMMEN!

Zwei Wochen vor dem Almauftrieb brachte der Züchter meine beiden Schweine, die jetzt acht Wochen alt waren. Ich wollte sie vor der Alm noch besser kennenlernen und an mich gewöhnen. Also quartierten wir sie derweil in unserer großen Werkstatt ein, wo sie genug Luft und Licht hatten und ich nur über den Hof gehen musste, um sie mehrmals täglich zu füttern. Franz bastelte aus ein paar Europaletten einen kleinen provisorischen Stall, nach oben offen, sodass ich mehr Kontakt zu ihnen hatte. So hoffte ich eine bessere Bindung zu ihnen aufzubauen.

Für die Fütterung hatte ich geschrotetes Getreide mit einem hohen Gerstenanteil besorgt, außerdem bekamen sie Brot und Kartoffeln. Zusätzlich mähte ich jeden Tag mit der Sense frisches Gras, um sie gleich ans Grasfressen zu gewöhnen. Auf der Alm würden sie den ganzen Tag mit den Kühen auf der Weide unterwegs sein und Gras und Wurzeln fressen, und das hatten sie in ihrem bisherigen Leben ja noch nicht kennengelernt. Ihre Lieblingsspeise waren jedoch gekochte Kartoffeln mit Schale. Sobald ich die Werkstatt betrat, sprangen sie schon die Holzwand hoch und freuten sich laut grunzend auf die Leckerbissen. Von Anfang an waren sie weder scheu noch schreckhaft, sondern eher ständig hungrig, außerordentlich neugierig und unternehmungslustig.

Unser Nachbar lieh mir ein altes Hundegeschirr, und so konnte ich öfter mit einem der beiden Schweine spazieren gehen. Das machte mir wahnsinnig Spaß und den Schweinen auch – solange ich dahin ging, wo das Tier hinwollte. Kaum übernahm ich die Führung, sank die Laune des kleinen Schweinchens auf den Nullpunkt. Es rebellierte laut quiekend, zog heftig an der Leine und legte den Rückwärtsgang ein. Für die Nachbarn war das ein unglaublich lustiges Schauspiel, wie ich da zwei Wochen lang täglich quietschende, grunzende Sauen spazieren führte! Aber frei laufen lassen konnte ich sie ja nicht, ich hätte sie nie mehr einfangen können. So eine Sau, so klein sie auch sein mag, kann ganz schön schnell laufen und lässt sich auch nicht wie ein Rind in eine bestimmte Richtung leiten. Das habe ich auch später auf der Alm immer wieder erfahren müssen – nur hatte ich da nicht so viele Zuschauer wie bei uns im Dorf. Die Schweine wogen immerhin jedes schon gut

25 Kilogramm, auch mit Ziehen oder gar Hochnehmen und Tragen hatte ich also keine Chance.

Es waren zwei kastrierte Eber, und wir nannten sie Max und Otto, zwei kleine Königsschweine. Kastrierte Stiere heißen ja Ochsen, einen kastrierten Eber nennt man »Bär«. Unsere beiden Bären mit ihren süßen Stehohren hatten immer noch ihre vielen schwarzen Flecken am ganzen Körper, dazwischen Gott sei Dank nur wenig helle rosafarbene Haut wie die einer typischen Sau. Mir war es ganz wichtig, dass diese rosa Hautflächen relativ klein waren, da die Tiere dort sehr anfällig für Sonnenbrand sind. Wie bei hellhäutigen Menschen auch verfügt die rosa Haut nur über einen geringen Lichtschutz, sodass die Sauen bei der intensiven Sonneneinstrahlung auf der Alm sofort Sonnenbrand bekommen. Je dunkler oder fleckiger die Haut, desto besser.

Von wegen dumme Sau! Ganz frisch aus dem Hahn schmeckt das Bergwasser am besten, das hat Max schnell herausgefunden.

Es gibt viele Sennerinnen, die ihre Schweine zu Beginn der Almzeit an warmen Tagen mit Sonnencreme einreiben. Ich habe das nicht gemacht und auch nicht an die empfindlichen rosa Schweineöhrchen gedacht. Dort bekamen meine Bären dann tatsächlich kleine Brandblasen von der Sonne, und sie taten mir richtig leid, als sich nach ein paar Tagen die Haut schälte. Ja – die Freiheit der Sauen auf der Alm hatte eben auch ihren Preis. Doch da sie sehr intelligente Tiere sind, hatten sie bald gelernt, sich bei Hitze schattige Plätze zu suchen oder in ihrem gemütlichen Stall eine ausführliche Siesta zu halten.

Nicht immer eitel Sonnenschein: Es gibt viele Nebeltage auf der Alm, an denen es umso länger dauert, alle Tiere zu finden und zu zählen.

WAS MUSS ICH NOCH MITNEHMEN?

Wenn ich auf eine neue Alm gehe, weiß ich nicht genau, was mich erwartet. Auch was ich mitnehmen muss, kann ich nicht so genau beurteilen, wie wenn ich die Alm schon kenne. Natürlich fahre ich ein paar Tage vor dem Almauftrieb hinauf, um mich umzuschauen, die Hütte zu putzen und ein bisschen wohnlich herzurichten. Doch welche Kleinigkeiten mir fehlen, das stellt sich erst im Lauf des Sommers heraus.

Die erste Fahrt hinauf verbinde ich gleich damit, einen Teil meiner Gerätschaften und Vorräte auf der Alm zu deponieren: alles, was ich zum Käsen brauche, etwa große Gitter, Käseformen und – ganz wichtig – mein Käseregal mit dem feinen Fliegengitter; dazu Stallkleidung und Regenschutz, Futter für Katzen, Hühner und Sauen, eine kleine Hausapotheke für Mensch und Tier, Shampoo und Spülmittel (biologisch abbaubar), Bettwäsche und Radio, Batterien für die Taschenlampe, Getränkekästen, säckeweise Mehl zum Brotbacken, Haferflocken, Nüsse und Trockenobst, Kräuter und Gewürze, meine Marmeladen und Sirupe, selbst geräucherten Speck … und tausend Kleinigkeiten. Natürlich können Franz oder auch Freunde, die ihren Besuch ankündigen, immer wieder etwas mitbringen. Aber der Großteil der Dinge, die ich für vier Monate brauche, sollte schon oben sein, wenn ich ankomme.

Im zweiten Jahr auf der gleichen Alm laufen die Vorbereitungen schon wesentlich entspannter ab. Ich weiß, was oben vorhanden ist und was ich mir im letzten Jahr vielleicht noch gewünscht hätte. Auf der Krottenthaler Alm gibt es bereits einen ganz passablen Hausstand. Tassen, Teller, Besteck, Schüsseln, Töpfe und viele kleine Küchenhelfer – da hat die Almbäuerin gut vorgesorgt. Doch alles andere muss ich selbst mitnehmen. So habe ich mir fürs zweite Jahr eine schöne Solarlampe gekauft und bin gespannt, wie viel Licht sie mir liefern wird.

Die Schwierigkeit besteht auch immer darin auszuwählen, was ich wirklich brauche. Auf der Alm möchte ich mit dem minimal Möglichen auskommen und deshalb nichts Unnötiges mitnehmen. Also will ich mich einerseits beschränken und muss andererseits für vier Monate im Voraus planen. Die Umstellung ist nicht einfach nach einem Dreivierteljahr im Tal, in dem ich mich wieder daran gewöhnt habe, jederzeit in ein Geschäft gehen und einkaufen zu können, wonach mir der Sinn steht.

Meine Vorratskammer in der Almhütte mit allem, was in vier Monaten gebraucht wird.

Almauftrieb

Einen Tag vor dem Almauftrieb transportierten wir Otto und Max samt Saustall zu meinen Almbauern nach Bayerischzell. Das waren immerhin gut 40 Kilometer, die wir mit unserem Schwertransport würden zurücklegen müssen, aber Franz hatte schon einen Plan ausgetüftelt. Das frisch reparierte Schweinehaus war überbreit und sehr schwer, aber mit Unterstützung von Wast, dem Mann meiner Mutter, und mithilfe des Radladers gelang es, Stall und Holzbox mit Schweinen auf der Ladefläche unseres großen Lieferwagens samt Anhänger zu befestigen.

Ich hatte schon unseren Pick-up mit allem beladen, was ich noch auf die Alm bringen wollte, und fuhr langsam voraus – immer wieder mit einem bangen Blick in den Rückspiegel, doch es schien alles gut zu gehen. So sauste ich gleich weiter hoch auf die Alm, lud meine Sachen ab und kehrte wieder ins Tal zurück. Beim Bauern grunzten mir die Schweine schon fröhlich aus ihrer Box entgegen. Sie nahmen die Aktion ganz gelassen – mir schien, dass sie im Gegenteil begeistert waren, weil es endlich mal ein bisschen Abwechslung in ihrem Schweineleben gab.

Unser Lieferwagen würde es mit der schweren Ladung nicht auf die Alm schaffen, also wurde noch mal umgeladen. Mittels Traktor und Frontlader wanderten Stall und Box samt ihrer neugierigen Fracht auf den Traktoranhänger. Schorsch, der Bauer, vertraute Franz seinen Traktor an, und schon ging es los. Mit gemischten Gefühlen ließen wir ihn fahren, denn er lenkte diesen Traktor schließlich zum ersten Mal, und die Bergstraße hinauf auf die Alm ist sehr steil, schottrig und voller enger Kurven. Wir schickten ihm, Max und Otto gedanklich einige Schutzengel mit auf den Berg.

WELCHE MILCHKUH GEHT MIT AUF DIE ALM?

In der Zwischenzeit gab es auch für mich eine aufregende Beschäftigung: Ich ging mit Resi, der Bäuerin, in den Stall, um die Milchkuh auszusuchen, die mit mir den Sommer auf der Alm verbringen würde. Kein einfaches Unterfangen, denn die Kuh sollte leicht von Hand zu melken sein. Bisher aber waren alle Kühe nur die Melkmaschine gewohnt, und die ist in wenigen Minuten fertig mit einem Melkgang. Wir suchten eine gutmütige Kuh, und der Zeitpunkt der Kalbung war natürlich entscheidend. Denn sie sollte möglichst noch zwei Monate lang gemolken werden können, dann trocken gestellt werden und noch ein paar Wochen gemütlich auf der Alm grasen, um sich zu erholen. Dann würde sie ausgeruht ins Tal zurückkehren, um ihr Kalb zu gebären. Die Kuh, die eigentlich für mich vorgesehen war, hatte sich vor zwei Tagen verletzt und musste im Stall bleiben.

Nach langem Überlegen entschieden wir uns für Selma, eine Jungkuh. Mit ihr gingen wir ein Risiko ein, denn sie war zwar eigentlich gutmütig, aber manchmal blitzte doch ihr jugendlicher Eigensinn auf. Sie hatte Zitzen, die sich gut melken ließen, was für mich schon ein wichtiges Kriterium war. Obwohl Schorsch Bedenken äußerte – »Die Kuh ist zu jung, die ist noch ungeduldig und zickig!« –, beschlossen wir, es mit Selma zu versuchen. Hätten wir nur auf ihn gehört!

Aber es gab nicht viele Alternativen. Die eine Kuh war gutmütig und freundlich, aber zäh und schwer zu melken, die andere kalbte schon in zwei Wochen, und wieder andere sollten nicht von ihrer gewohnten Herde getrennt werden und allein mit den Jungrindern auf der Alm bleiben.

Resi und Schorsch achten, was das angeht, sehr auf ihre Tiere. Sie kennen die Eigenarten jeder einzelnen Kuh und nehmen – wie es in einem guten Biobetrieb wie dem ihren üblich ist – so viel Rücksicht wie möglich auf ihre

Es ist eine tägliche Freude zu sehen, wie auch die Tiere das freie Leben auf der Alm in vollen Zügen genießen und wie gesund und kräftig sie sind.

Tiere. Denn jede Kuh hat einen anderen Charakter. Auch unter ihnen gibt es Freundschaften und das Gegenteil: nämlich Tiere, die sich nicht leiden können und auf der Weide aus dem Weg gehen. Kühe, die sich gernhaben, stellen sich nach der Rückkehr von der Weide zum Melken eng nebeneinander und verteidigen ihren Platz im Stall, wenn eine andere Kuh sich dazwischendrängen möchte. Mich beeindruckt dieses Verhalten sehr, und Schorsch und Resi unterstützen die Individualität ihrer Kühe, sprechen jede mit ihrem Namen an und respektieren deren Vorlieben und Abneigungen.

In den großen Ställen mit fünfzig, hundert oder gar zweihundert Stück Vieh sind so enge Bindungen zwischen Mensch und Tier nicht mehr möglich. Leider gibt es solche riesigen Viehbestände auch bei uns immer mehr. Die traditionellen Betriebe geben auf, weil sich die kleinbäuerliche Landwirtschaft nicht mehr lohnt und vom Staat nicht entsprechend gefördert wird.

Bei Resi und Schorsch werden die Melkmaschinen noch mit der Hand ans Euter gesteckt, und jede Kuh wird, wenn auch nur kurz, vor dem Melken beruhigend gestreichelt – während anderswo mit Melkständen und Melkrobotern gearbeitet wird.

DIE LETZTE NACHT IM TAL IST KURZ

Ich half Resi bei der abendlichen Stallarbeit, dann zogen wir unsere Bergschuhe an und machten uns auf den Weg zur Niederalm, um das Jungvieh auf den Hof herunterzuholen.

Die Niederalm ist eine Weide, die nur wenig höher liegt als der Hof. Hier grasen die Jungtiere schon im zeitigen Frühjahr, mehrere Wochen vor dem Auftrieb auf die Hochalm, und hier tragen sie auch schon ihre Glocken, sodass sie sich gegenseitig hören und auch für die Bauern leichter aufzufinden sind. So können sie sich nach dem Winter bereits ein wenig an das rauere Klima in der Höhe gewöhnen und sind für den Almsommer hoch droben abgehärtet, ihr Fell wird dichter, und es macht ihnen nichts mehr aus, Tag und Nacht draußen zu sein.

Mehrere Treiber, Freunde und die ganze Familie halfen mit, die Tiere noch vor Einbruch der Dunkelheit auf einer Weide neben dem Hof zusammenzutreiben. Hier wollten wir am nächsten Morgen um halb fünf Uhr in der Früh starten.

Auch für die Bauern sind das aufregende und arbeitsame Tage, denn sie müssen nicht nur für sich, die Tiere und die Almerin sorgen, sondern zwei Tage lang auch für die vielen Helfer, die sicherstellen, dass alle Tiere wohlbehalten auf der Hochalm ankommen. Mit 40 Stück Jungvieh fast 700 Höhenmeter unfallfrei zu bewältigen, das ist jedes Mal wieder ein Segen, wenn man es geschafft hat.

Der Auftrieb beginnt bei völliger Dunkelheit am frühen Morgen, und wenn die Sonne über den Bergen aufgeht, sind Menschen und Tiere bereits am Ziel: auf der Alm in 1437 Metern Höhe.

Resi hatte alles gut organisiert und Essen für alle vorbereitet, während Schorsch den Grill anheizte. Ein Großteil der Treiber und auch wir übernachteten auf dem Hof. Franz war gut von der Alm zurückgekommen, die Sauen konnten für diese eine Nacht allein in ihrem Stall oben bleiben. So gab es einen gemütlichen letzten Grillabend, dann verteilte Resi die Schlafplätze, und wir versuchten alle, uns noch ein paar Stunden auszuruhen. Wast, Franz, mein Neffe Kilian und ich schliefen in der Stube, bis uns Resi um vier Uhr schon wieder weckte. Da hatte sie bereits das Frühstück für alle vorbereitet: mit Müsli und Schuxen – ein Schmalzgebäck –, Tee und Kaffee, Kakao für die Kinder, die ganz aufgeregt waren. Für einige war es der erste Almauftrieb, an dem sie teilnehmen durften.

Es nieselte leicht, als wir pünktlich um 4:30 Uhr mit dem Aufstieg begannen. Wir waren zehn Treiber und fast noch mal so viele Kinder, alle mit einem Almstock, festen Bergschuhen und warmer Jacke ausgestattet. Die Vorfreude jedes Einzelnen war deutlich zu spüren.

Die Kinder sind wichtig beim Almauftrieb, denn ihr Vorteil ist, dass sie schnell und wendig sind. Die größeren waren schon in den Jahren davor eingebunden gewesen, ließen sich das Ereignis nicht entgehen und kannten den Ablauf ganz genau. Alle nahmen ihre Aufgabe sehr ernst: Die Kühe sollen beim Auftrieb ja möglichst kompakt in der Gruppe zusammenbleiben, aber immer wieder gibt es Ausreißer. Dann heißt es laufen und mit Geschick und Gespür die Tiere wieder auf den richtigen Weg bringen.

Als Sennerin gehe ich voraus und versuche, mit Rufen und gutem Zureden die Herde dicht hinter mir zu halten – sie muss ja auch auf der Alm auf mich hören. Einige Treiber gehen an den Rändern des Weges neben den Tieren her, andere bilden den Abschluss des Zuges. Die meisten Tiere kennen den Weg, weil Kälber schon mit gut sechs Monaten ihre erste Almsaison bestreiten. Manche Kühe verbringen deshalb bereits den dritten Sommer auf der Hochweide. Erstaunlicherweise erinnern sie sich dann auch an den Weg nach oben und an die Alm.

ES GEHT HINAUF

Am Anfang ging es schnell voran, manche Kühe rannten richtiggehend – schwierig bei dem Regen, der die Dunkelheit so früh am Morgen noch schwärzer als schwarz erscheinen ließ. Die ersten etwa anderthalb Kilometer führt der schmale Weg ziemlich eben an einem Bachlauf entlang, links und rechts eingerahmt von hohen Bäumen – optimal, um sich ans gleichmäßige Gehen zu gewöhnen. Dann passiert man eine Brücke, und ab jetzt schlängelt sich eine Forststraße fünf Kilometer lang in Serpentinen steil durch den Bergwald nach oben. Flache Teilstücke zum Verschnaufen gibt es nicht mehr, und auch die ausgelassensten Jungrinder trotteten jetzt gemächlicher gen Alm. Die jüngeren Tiere fielen etwas zurück, und die Treiber begleiteten sie, während ich nach gut zweieinhalb Stunden mit den ersten Rindern das Gatter zur Krottenthaler Alm erreichte.

So fühlte sich Glück an! Es war wie ein Heimkommen, auch wenn ich zum ersten Mal auf dieser Alm war. Aber dieses innige Gefühl, das spüre ich jedes Mal, wenn ich auf einer Alm ankomme.

Der Regen hatte inzwischen aufgehört, und die Sonne schickte sogar ein paar Strahlen durch die Wolkenlücken, um uns hier oben zu begrüßen. Ich empfand große Dankbarkeit und sandte ein Vergelts-Gott nach oben. Am Gatter wartete ich auf den Rest der Herde, damit wir dann gemeinsam die letzte Viertelstunde zur Alm marschieren konnten.

Gatter zu, Tiere los! Sie durften von nun ab monatelang auf der riesigen, fast 130 Hektar großen Almweide nach Herzenslust umherstreifen, die besten Gräser rupfen, ihre Lieblingsruheplätze unter frei stehenden Fichten oder im Schutz von hohen Felsen suchen und mit ihrem bevorzugten Grüppchen anderer Jungtiere – einer Art Jugendclique – herumziehen.

Doch zunächst waren die Brunnentröge die erste Anlaufstelle, denn nach dem anstrengenden Aufstieg hatten die Tiere nur noch Durst. Und die Treiber und ich, wir freuten uns auf eine gemütliche Brotzeit.

Deshalb musste ich schnell den Holzofen einheizen und große Töpfe mit Wasser aufsetzen für die Würste, die Resi gerade mit dem Auto nach oben fuhr, außerdem den Tisch decken, Brot aufschneiden, Getränke bereitstellen. Bevor es aber endlich etwas zu essen gab, steckte ich noch mit ein paar Helfern eine Weidefläche direkt neben dem Stall ab.

Auch die Tiere sind nach dem anstrengenden Aufstieg erschöpft: Zeit für ein entspanntes Nickerchen auf der sonnigen Almwiese.

Während die Ersten schon auf den gelungenen Almauftrieb anstießen, hörten wir ein sich näherndes lautes Rattern: Nun waren wir fast komplett, denn Schorsch brachte die Kälber, elf an der Zahl, im Anhänger hoch. Sie würden die ersten Tage im eingezäunten Weidegebiet verbringen, damit ich sie an die Alm gewöhnen und am Abend leichter in den Stall treiben konnte. Auf der Krottenthaler Alm verbringen die Kälber ihre Nächte den ganzen Almsommer über im Stall, wo sie zusätzlich mit Heu und Kraftfutter versorgt werden, auch um sie an den Stall zu gewöhnen.

Alles war gut gegangen – nun wurde gegessen, getrunken und gefeiert. Wir stießen auf eine unfallfreie Almsaison an, und alle wünschten mir Glück. Um die Mittagszeit herum fuhren und gingen Helfer und Almbauern wieder ins Tal, nachdem sie sich versichert hatten, dass alles gerichtet und die Tiere versorgt waren.

Von meinem Hausberg aus, dem 1689 Meter hohen Rauhkopf, ist das Krottenthal gut zu überblicken. Im Hintergrund der Wendelstein.

NUN BIN ICH ALLEIN – FAST

Ab sofort war ich allein auf der Alm – fast, denn ein weiterer Vorteil der Krottenthaler Alm ist die gute Nachbarschaft mit der nur einen Steinwurf entfernten Alm von Margit. Sie teilt sich schon seit Jahren die Almzeit mit meiner Namensvetterin Martina: Margit bestreitet die erste Hälfte der Saison bis August, Martina die zweite Hälfte bis zum Almabtrieb. Die beiden sind also alte Hasen hier oben, und ihre Unterstützung war für mich gerade am Anfang äußerst wertvoll. Der Nachbarbauer hatte am gleichen Tag aufgetrieben, und so arbeiteten wir von Anfang an gut zusammen. Auch Margit hatte zusätzlich zum Jungvieh Kälber, und zwar mehr als ein Dutzend, die erstmals ihre Sommerfrische auf der Alm verbrachten.

Der Stall auf der Alm ist dunkel, ohne Fenster. Daran mussten sich die Kälber erst gewöhnen, und auch daran, ruhig stehen zu bleiben, bis ich sie für die Nacht angebunden hatte. Das musste ich den Kälbern beibringen, was Zeit, Geduld und eine entspannte Atmosphäre im Stall erfordert – nicht immer leicht bei einem elfköpfigen Kindergarten. Doch von Tag zu Tag funktionierte es besser, und nach einer guten Woche folgten sie mir am Abend schon auf mein Rufen hin in den Stall.

Margit und ich sind gemeinsam für knapp 100 Stück Vieh verantwortlich, die sich auf einer Almfläche von 130 Hektar frei bewegen können. Das heißt, jede Sennerin ist natürlich für die Tiere ihres Bauern zuständig, doch wir helfen uns gegenseitig, etwa wenn einzelne Tiere noch abgängig sind oder wenn eine von uns spontan ins Tal muss. Anfangs ist es für keine von uns einfach, »ihre« Tiere gleich zu erkennen. Es braucht viel Zeit, bis man feststellt, welche Tiere sich in Gruppen zusammenschließen und wohin sie sich im Lauf des Tages bewegen, wo ihre bevorzugten Fress- und wo ihre Ruheplätze sind.

Mein lieb gewonnener Jägerrucksack, den mir Franz für die Alm geschenkt hat.

Unsere Bauern haben auch »Onehmviecha«, übersetzt: »Annehmtiere«. Sie gehören anderen Besitzern und werden von einem Bauern, der über eine Alm verfügt, für einen Sommer in Pension genommen. Mit dessen eigenen Kühen dürfen sie dann auf der Hochalm grasen. Die Tiere eines Bauern bleiben auf der Weide meist in einer Gruppe zusammen, was die tägliche Arbeit sehr erleichtert. Denn unsere wichtigste Aufgabe ist es, jeden Tag die Kühe zu zählen, um sicherzugehen, dass keine abgestürzt oder sonst wie verunglückt ist, nicht krank unter einem Baum liegt oder durch ein offenes Gatter entwischt ist.

Deshalb hatte jede Sennerin für den Anfang eine Liste mit den Ohrmarkennummern, anhand derer wir unsere Tiere zählten. Nach kurzer Zeit aber erkannten wir jede einzelne Kuh an ihrem Aussehen und mussten nur noch selten mit Stift und Zettel über die Wiesen ziehen. Besonders bei Regen war das sehr umständlich, und das Papier hielt den Wassergüssen auch nicht lange stand. So versuchte ich, mir möglichst schnell individuelle Merkmale jeder Kuh einzuprägen und die dazugehörige Nummer auswendig zu lernen. Mir half auch sehr, dass die Kühe meines Biobauern Hörner tragen, während Margits Tiere enthornt sind. So sah ich schon aus der Ferne, um welchen Bestand es sich handelte. Die Hörner eines jeden Tieres weisen wiederum kleine Abweichungen in Form und Farbe auf, sodass es noch ein zusätzliches Merkmal gibt, an dem ich die einzelnen Tiere unterscheiden kann.

SELMA HAT HEIMWEH

Zwei Tage waren seit dem Almauftrieb vergangen. Ich hatte mich gerade halbwegs eingerichtet und war dabei, die Kälbchen zu erziehen und meine fünfzig Jungtiere kennenzulernen – da kam die heiß ersehnte Milchkuh an. Der Bauer brachte sie mir im Anhänger auf die Alm hoch, damit sie nicht durch den langen Fußmarsch erschöpft und dann womöglich das Melken erschwert wäre. Ich war froh, wenn auch etwas aufgeregt, aber durch die vielen Stunden, die ich im Frühling bei Anni im Stall verbracht hatte, fühlte ich mich gut gerüstet für einen Sommer, in dem ich erstmals mit der Hand melken würde.

Selma war eine sehr schöne Kuh mit hellem sandfarbenem Fell und langen geschwungenen Hörnern. Der Anblick meiner Rinderherde mit Hörnern begeisterte mich immer wieder. Ich finde nämlich, ein Rind, das nicht – wie die meisten anderen – in seiner Jugend künstlich enthornt wurde, hat mehr Ausdruck, es wirkt natürlicher und auch selbstbewusster, weil es sich so entwickeln durfte, wie es von der Natur angelegt ist. Und die Milch von Kühen mit Hörnern soll auch gesünder sein.

Zu meinen Tieren habe ich eine sehr enge Beziehung. Ich versuche immer, ihr Verhalten zu verstehen und zu deuten – und oft liege ich mit meinem Gefühl richtig.

Selma empfand das Handmelken von Anfang an nicht gerade als Genuss, und das ließ sie uns deutlich spüren. Meine Nachbaralmerin Margit, eine geübte Handmelkerin, unterstützte mich anfangs, und das war auch dringend nötig. Am ersten Abend schafften wir es nicht einmal, einen Liter aus dem Euter herauszumelken, weil Selma ständig nervös mit dem Hinterfuß schlug. Sie war schwer genervt von dem Blechkübel zwischen ihren Beinen und pfefferte ihn uns mehrmals entgegen. Wir gaben schließlich auf, nachdem all unsere Versuche, sie zu beruhigen, gescheitert waren.

Wenn das Euter einmal nicht vollständig leer gemolken wird, dann übersteht eine Kuh das problemlos – dennoch achtet man normalerweise darauf, sie immer ganz auszumelken, um Euterentzündungen vorzubeugen. Eine Nacht in Ruhe zu schlafen würde ihr sicher auch guttun. Am nächsten Morgen würde das Melken für alle Beteiligten erfreulicher verlaufen – dachte ich. Weit gefehlt!

Selma hatte am nächsten Tag noch weniger Lust als zuvor, und sie ließ keine von uns überhaupt an ihr Euter heran. Sie brauchte wohl noch etwas Zeit? Ich striegelte sie ausführlich und redete beruhigend auf sie ein, um so ihr Vertrauen zu gewinnen. Den Körperkontakt genoss sie sehr und kam gleich angelaufen, wenn ich sie rief. Dann schmuste sie mit mir, rieb ihren großen Kuhkopf an meiner Schulter und drückte ihre feuchte rosa Schnauze an meinen Hals. Keine Spur von Aggressivität und schlechter Laune – die kam erst, wenn ich versuchte, sie zu melken.

Zwar gelang es uns, jeden Tag ein wenig mehr Milch herauszumelken, aber das dauerte schier endlos und strapazierte unsere Nerven jeden Tag noch ein bisschen mehr. Selma schlug weiter mit dem Hinterfuß, und wenn wir nicht ständig in Habtachtstellung waren, flog uns der Eimer um die Ohren – im besten Fall nur der Eimer. Auch ich hatte schon einige blaue Flecken davongetragen. Ich fühlte mich hilflos und als Versagerin, dabei hatte ich doch alles getan, damit das nicht passierte, oder?

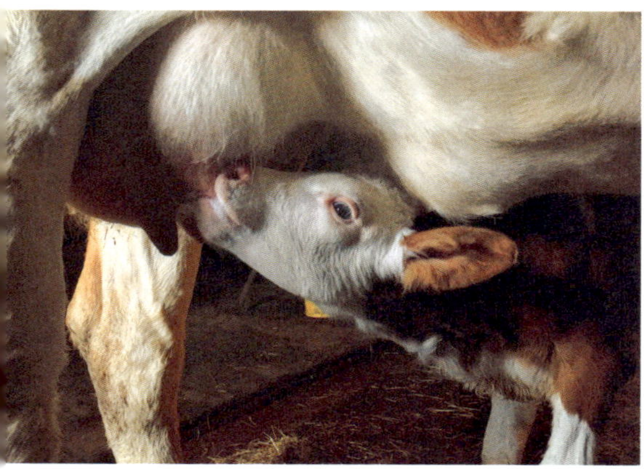

Die neugeborenen Kälbchen dürfen auf der Alm noch kurz die Milch ihrer Mutter genießen, bevor beide ins Tal gebracht werden.

Resi, meine Almbäuerin, ist in Naturheilkunde sehr bewandert und kam mit verschiedenen homöopathischen und naturheilkundlichen Mitteln und Techniken auf die Alm, aber es half alles nichts. Nach einer langen Woche, in der wir gehofft und gestreichelt, gut zugeredet und behandelt hatten, einer Woche, in der ich nicht nur einmal einen schmerzhaften Tritt in die Seite abgekriegt hatte, gaben wir auf. Selma würde sich nicht an die Situation gewöhnen, und ich wollte keine womöglich noch folgenreichere Begegnung mit Selmas kräftigem Huf riskieren. Schorsch und Resi beschlossen, Selma wieder auf den Hof ins Tal zu holen.

Am Tag bevor Selma abgeholt wurde, ging ich zu ihr auf die Weide, streichelte sie und redete ein letztes Mal mit ihr. Immer wieder fragte ich sie, was ihr hier oben nicht gefallen habe und was ich ihr noch Gutes tun könne. Wenn mich eine Kuh, die ich gernhabe, dann aus ihren großen runden Augen so traurig anschaut wie Selma in diesem Augenblick, dann wird mir ganz schwer ums Herz.

Wenn sich die Tiere allmählich aneinander gewöhnen, entwickeln sich im Lauf eines Sommers ganz ungewöhnliche Freundschaften.

»Vermisst du deine Freundin, mit der du unten im Tal immer zusammen auf der Weide gewesen bist?«, fiel mir schließlich ein.

Damit schien ich den Nagel auf den Kopf getroffen zu haben. Plötzlich kullerten aus ihrem rechten Auge drei dicke Tränen und liefen ihr übers Gesicht. Mir wurde ganz anders – das träumte ich doch jetzt nur?

»Morgen darfst du wieder runter ins Tal zu deiner Freundin«, gab ich ihr noch mit auf den Weg. Sie hob den Kopf, schaute mir direkt in die Augen, als ob sie mich verstanden hätte, und lief fast leichtfüßig den Weg in Richtung Almhütte hinunter. Selma hatte, wie es schien, wirklich an Heimweh gelitten.

Die Bäuerin hatte mir schon damals im Stall eröffnet, dass Selma eine gute Freundin im Stall habe, die jedoch schwer zu melken sei und deshalb als

In den frühen Morgenstunden die Milchkühe zum Melken zu holen gehört zu den schönsten Momenten eines anstrengenden Almtages.

zweite Milchkuh für die Alm nicht in Frage komme. Wir dachten aber beide, dass Selma in ihrem jugendlichen Alter die enge Kuhfreundschaft auf der Alm droben schnell vergessen würde.

Am nächsten Tag kam Selma wieder im Tal an und gesellte sich sofort erleichtert zu ihrer Freundin auf der Weide.

Mich ließ sie traurig auf der Alm zurück – anfangs nicht nur traurig, sondern fast verzweifelt. Diese oder keine, das war die Devise gewesen, als wir Selma ausgesucht hatten. Keine andere Kuh kam in Frage fürs Handmelken und für den monatelangen Aufenthalt auf der Alm. Dabei waren eine Milchkuh und das Melken, Buttern, Käsen doch das, worauf ich mich so sehr den ganzen Winter und Frühling hindurch gefreut hatte. Einzig aus diesem Grund war ich monatelang um fünf Uhr aufgestanden, mit dem Rad durch die eisigen Morgenstunden gefahren, hatte stundenlang im Stall gearbeitet und danach noch eine Schicht im Pflegedienst geleistet. Sollte das alles umsonst gewesen sein?

Zwei Tage lang heulte ich nicht nur einmal in mein Kissen, zwei Tage lang versuchte ich, mich mit der Situation abzufinden und dies einfach als Schicksal zu akzeptieren – bis am dritten Tag das Handy klingelte und Resi meinte, sie hätten eine andere Kuh ausgesucht, mit der es vielleicht doch klappen könnte.

Überglücklich begrüßte ich Schorsch mit Traktor und Anhänger wenige Stunden darauf am Gatter und nahm Staserl in Empfang, meine »Ersatzkuh«, meine ganze Hoffnung. Und als würde das Tier fühlen, wie sehr ich es mir wünschte, dass es klappte: Sie ließ sich vom ersten Tag an gut melken, wir entwickelten schnell ein vertrautes Verhältnis zueinander, und ich glaube, ich lief tagelang mit einem Dauerlächeln im Gesicht über die Alm.

DIE GEISSEN KOMMEN

Am Sonntag nach dem Almauftrieb brachte mir Franz die Ziegen auf die Alm. In einem großen Hundekäfig komfortabel untergebracht wurden sie auf der Ladefläche des Pick-ups bis vor die Hütte gefahren. Ich hatte die Tiere ja zwei Monate nicht mehr gesehen und verliebte mich beim ersten Anblick sofort wieder in sie. Zwei halbwüchsige Böckerl schauten mir frech in die Augen und erinnerten kaum mehr an die unsicher staksenden Babyziegen, als die ich sie kennengelernt hatte. Aber sie waren immer noch schneeweiß und neugierig – man musste sie einfach gernhaben.

Elke, die Ziegen-»Mutter«, hatte mir geraten, sie in der ersten Woche im Wechsel an einen Drehpflock mit langer Leine anzuhängen. Immer nur ein Tier, denn das zweite entfernte sich von seinem Bruder nur ein paar Meter. Sie sind Herdentiere und bleiben beieinander. So durfte immer eines frei herumspringen. Durch das zeitlich begrenzte Anhängen gewöhnten sich die Ziegen schnell an mich, sie lernten, wo ihr Zuhause ist, und machten Bekanntschaft mit dem restlichen Tierpark. Wichtig war, dass sie mich als Bezugsperson anerkannten. Damit ich sie völlig frei laufen lassen konnte, mussten sie mich und die Alm als ihre Familie ansehen. Nachts durften sie im Stall bei den Kälbern schlafen.

Ich liebe meine Ziegen über alles, auch wenn sie nur Unfug im Sinn haben und rund um die Hütte stets auf der Suche nach Essbarem sind.

Bei meinen Rundgängen durch das Almgebiet sind meine Geißlein immer an meiner Seite – wie zwei treue Hunde.

Für mich war es sehr wichtig, dass ich sie nicht dauerhaft einzäunen musste. Das war es auch, was einen großen Reiz dieser Alm ausmachte: verschiedene Tierarten zusammen und nicht durch Zäune voneinander getrennt zu halten. Es ist interessant zu beobachten, wie sie sich miteinander arrangieren, wie sich Rangordnungen im Lauf der Zeit ergeben. Früher war das gang und gäbe, aber wann sieht man heute noch Rinder, Schweine, Ziegen, Hühner gemeinsam auf der Weide? Viel zu selten! Dabei ist es spannend, wie sie symbiotisch zusammenleben: Wenn die Schweine durchs Ampferfeld pflügen, sind die Hennen sofort zur Stelle. Sie wissen instinktiv, dass in dem frisch gelockerten Boden die feinsten Würmer und Maden quasi auf dem Präsentierteller warten.

Das Anpflocken der Geißen hatte sich sehr bewährt. Natürlich jammerte eines der Böckerl manchmal, wenn sich das andere zu weit entfernte. Solange der andere in Sichtweite und genug zu fressen vorhanden war, störte sie das Angehängtsein nicht. Aber ich wollte ja keine angebundenen Tiere auf meiner Alm. Nach einigen Tagen ließ ich sie deshalb immer mal wieder beide frei und beobachtete ihr Verhalten. Sie blieben brav in der Nähe der Hütte, begeistert von den frischen Kräutlein, die sie hier fanden. Alles, was Blätter hatte, schmeckte besonders gut: junge Ebereschen, kleine Wildrosensträucher, Schafgarbe. Sogar den giftigen Weißen Germer fraßen sie mit Leidenschaft und, was mich zuerst entsetzte, dann nur noch wunderte: Am blauen Eisenhut, einer der giftigsten Pflanzen Europas, knabberten sie auch gern herum. Offenbar wussten sie, dass sie nicht zu viel davon fressen durften, denn die kleine Dosis ab und zu beeinträchtigte sie in keiner Weise.

Bald musste ich meine Geißlein überhaupt nicht mehr anpflocken, sie liefen den ganzen Tag frei herum, kamen auf mein Rufen und verbrachten die Nacht im Stall, auf einem weichen Bett aus Heu und Stroh. Sie genossen es, inmitten der Kälberschar zu schlafen – Ziegen sind nicht gern allein.

MEINE ALMHÜTTE

Nach diesen ersten turbulenten Wochen kehrte allmählich der Alltag ein. Ich hatte mich eingerichtet, Mensch und Tier hatten sich aneinander und an die Alm gewöhnt, es hatten sich Rangordnungen und Freundschaften unter den Kälbern und beim Jungvieh geklärt, und Ziegen, Sauen und Hühner waren gut untergebracht. Nun konnte ich mich nach getaner Arbeit auch einmal vor die Hütte setzen, ausruhen und einfach nur den Ausblick auf die umliegenden Berggipfel genießen.

Der Holzherd mit Backrohr und Warmwasserbehälter ist das Herzstück der Almhütte.

Innen habe ich versucht, meine Hütte ein bisschen wohnlich zu machen – ein paar schöne Kissen und eine freundliche, rot-karierte Tischdecke lassen die spartanisch eingerichtete Stube gleich freundlicher wirken. Von meinen Wanderungen bringe ich immer ein Sträußlein Blumen für den Tisch mit, sodass ich mich allmählich wohlfühle in der einfachen Hütte.

Von außen ist der alte Kaser eine Almhütte wie aus dem Bilderbuch. Das Holz wurde in über 150 Jahren von Stürmen und Wettern dunkelbraungrau gegerbt. Die traditionelle Blockbauweise lässt nur kleine Fensternischen offen. Dach,

Der mächtige, im Süden vorgelagerte Bergrücken des Großmiesing ist mit seinen 1883 Metern Höhe mein Beschützer, ich habe ihn »Gundl« getauft.

West- und Nordseite sind mit Holzschindeln belegt, was ein heimeliges Gefühl vermittelt. Wie mag es den Sennerinnen vor über hundert Jahren hier ergangen sein? Wie viele Frauen waren schon vor mir hier, haben mit Tieren, Regen und der harten Arbeit gekämpft und sind doch immer wieder heraufgekommen im Sommer, weil die Freiheit hier oben so viel wettgemacht hat?

Vor der Hütte ist eine Terrasse, ausgelegt mit Kalksteinen. Von dort geht der Blick nach Süden und Osten, sodass die Morgensonne in aller Frühe schon meine Alm erhellt und erwärmt. Nur zum Sonnenuntergang muss ich auf einen der umliegenden Gipfel steigen, weil die Sonne hinter der Aiplspitze oder dem Rauhkopf sehr früh untergeht. Sitze ich auf dem Gipfel, habe ich eine Stunde länger Sonne. Zum Feierabend gönne ich mir das ab und zu.

Etwas unterhalb meiner Terrasse steht der alte kleine Rossstall, in den sich am Abend meine Hühner zur Nachtruhe zurückziehen. Nur ab und zu hört man dann ein verschlafenes Gackern in der Stille der einbrechenden Nacht.

Den Saustall haben wir 50 Meter unterhalb mitten in ein Ampferfeld gestellt. So können die Schweine gleich vor ihrer Haustür wühlen und verwüsten nicht die Weide der Rinder – die lassen den Ampfer sowieso links liegen.

Geradeaus südlich der Hütte schweift der Blick über den Großmiesing, der in der letzten Abendsonne wie ein lang ausgestreckt liegender Troll wirkt. Ich habe ihn deshalb »Gundl« getauft, meinen Beschützer. Rechts davon liegt die Rotwand, ein bei Wanderern bekannter und beliebter Berg, der nach seinem roten Kalkstein benannt ist. Gen Osten öffnet sich der Blick weit bis ins Tal. Ein paar Lichter blitzen dort unten in der Nacht auf, wenn sich ein Fahrzeug die Sudelfeldstraße nach oben schlängelt. Ich liebe es, wenn ich in so einem ringsum von Bergen beschützten Kessel bin und sich mein Blick doch in die Weite öffnet.

Hier, vor meiner Hütte sitzend, auf 1437 Meter Höhe, meine ich, eine besonders gute Energie zu spüren. Meine Almnachbarn zeigen mir ihre Kraftplätze hier oben, manche habe ich selbst entdeckt. Diese Orte lassen mich nach der harten, anstrengenden Arbeit immer wieder auftanken, dankbar und demütig werden. Da ist es leicht zu verkraften, ein paar Monate auf den einen oder anderen Luxus zu verzichten. Hier oben verschiebt sich die Wertigkeit der Dinge.

Ich bin jetzt ganz bei mir, der Sommer kann kommen.

Vom Taubensteingipfel aus darf ich die prächtigsten Sonnenuntergänge in allen Farben hinter Wallberg und Brecherspitz erleben.

Franz geht auf die Jagd

»Wie kannst du nur wehrlose Rehe erschießen?!« Und: »Also, *ich* könnte das nicht, den Gänsen einfach den Hals umdrehen!« Das und noch viel mehr muss sich mein Mann Franz oft anhören, wenn er erzählt, dass er nicht nur auf die Jagd geht, sondern – wenn es sein muss – auch unsere eigenen Tiere schlachtet. Ich aber freue mich, dass er das kann und macht, denn das eigene Fleisch ist ein wichtiger Bestandteil unserer Selbstversorgeridee.

WUNSCHERFÜLLUNG

An Franz' Jagdschein bin ich nicht ganz unschuldig. In meinem zweiten Almsommer waren wir einmal übers Wochenende gemeinsam unterwegs – eine Kollegin vertrat mich solange auf der Alm –, und während der Autofahrt sprach Franz über seinen heimlichen Wunsch, von dem er mir noch nie erzählt hatte: Er würde gern eine Jagdausbildung machen. Ich hörte ihm lange zu und spürte, dass er sich selbst noch nicht ganz sicher war. Es gab auch viel, was dagegensprach, etwa der Aufwand an Zeit und Geld, und würde er später überhaupt die Möglichkeit haben, auf die Jagd zu gehen? Und so weiter.

Franz verarbeitet das Wildfleisch selbst, sodass wir kein Fleisch kaufen müssen.

Dennoch ermutigte ich ihn, die Idee weiterzuverfolgen. Ich hatte damals ja gerade meinen Traum von der Alm in die Tat umgesetzt, auch mithilfe von Franz.

Wenn neue Ideen im Kopf herumspuken, dann sucht man sich gern selbst die Gegenargumente – ich kenne das auch von mir – und lässt das Projekt lieber wieder fallen. Vielleicht aus Angst vor Neuem? Statt sich zäh dahinterzuklemmen und Mittel und Wege zu suchen, um den Traum wahr werden zu lassen, oder: einfach mal zu machen.

Ich war so glücklich damals, auch weil Franz nach einigem Zögern meinen Traum, auf die Alm zu gehen, unterstützt hatte. Und so fackelte ich nicht lange, als mir das Schicksal noch mal einen Wink zu geben schien: Wieder zurück auf der Alm las ich zufällig in der Lokalzeitung, dass in dem Jagdscheinkurs, der kommende Woche beginnen würde, noch Plätze frei seien. Ich muss dazusagen, dass mir nur ab und zu mal jemand die Zeitung auf die Alm mitbringt. Und ausgerechnet an einem solchen Tag lese ich diese Anzeige! Wenn das keine Fügung war! Abends besuchte mich Franz, und ich erzählte ihm ganz aufgeregt, was ich mir heute überlegt hatte: Ich würde ihm gern den Jagdschein, also den Kurs, schenken, er müsse sich aber gleich anmelden, weil es nächste Woche schon losgehe.

Franz oder ich – ich weiß nicht, wer von uns glücklicher war! Franz' Zweifel waren wie weggeblasen, er freute sich sehr, und ein paar Tage später saß er im Kursraum.

DER TIEFERE SINN DES JAGENS

Wir essen beide gerne – in Maßen – Fleisch, und wir lieben Tiere. Das schließt sich für uns nicht aus – im Gegenteil:

»Wer Tiere essen will, sollte sie auch töten können«, sagt Franz – zumindest solle derjenige die, die es können, nicht verurteilen. »Für jemanden, der Tiere liebt und dennoch Fleisch essen will, liegt es doch auf der Hand, dass er darauf achtet, wie die Tiere gelebt haben. Auf der Alm sind unsere Ziegen und Schweine vier Monate in fast grenzenloser Freiheit unterwegs, und wenn man sie am Ende des Almsommers schlachtet, ohne dass sie dabei leiden müssen, dann kann ich dieses Fleisch guten Gewissens verzehren. Genauso ist es mit dem Wild: Rehe, Hirsche, Hasen verbringen ihr gesamtes Leben völlig frei im Wald und auf den Wiesen. Wenn ich ein guter und verantwortungsvoller Jäger bin, dann achte ich darauf, das Tier mit einem waidgerechten Schuss zu erlegen, der es im Bruchteil einer Sekunde tötet. Und auch dieses Fleisch kann ich dann mit Genuss essen und habe kein schlechtes Gewissen dabei.«

BALANCE VON WILD UND WALD

Im ersten Jahr nach der Jagdprüfung durfte Franz mit dem Bauern der Nachbaralm auf die Jagd gehen, und zwar in ein Revier in den Bergen, was natürlich noch mal einen besonderen Reiz hat. Wenn die Jäger dann auf ihrem Ansitz – meist am Waldrand – in der Morgen- und Abenddämmerung viele Stunden verbringen, geht es nicht vorrangig ums Schießen, sondern vielmehr um die Erhaltung des Gleichgewichts zwischen Wildbestand und Wald:

»Jeder Jäger hat eine bestimmte Abschussquote zu erfüllen«, erzählt Franz. »Die wird nach dem Verbiss berechnet, denn vor allem Rehe und Hirsche lieben die feinen Triebspitzen von Nadelbäumen, aber auch von Laubbäumen. Und im Waldgesetz steht: ›Wald vor Wild‹, das heißt, die Jäger sind in ihrem Revier auch dafür verantwortlich, dass ein gesunder Waldbestand wachsen kann. Auf dem Berg ist das noch viel wichtiger, weil der Bergwald ja auch als natürlicher Schutz vor Erosion und Lawinen fungiert. Wenn also starker Verbiss herrscht, werden die Abschussquoten nach oben korrigiert. Der Jäger bekommt dann die Vorgabe, dass er eine bestimmte Zahl von Rehen und Hirschen im Lauf eines Jahres erlegen muss. Tut er das nicht, kann der Waldeigner das Revier an einen anderen Jäger vergeben. Dieses Druckmittel allein reicht schon aus, dass jeder Jäger versucht, die Vorgabe möglichst zu erfüllen. Aber es wird natürlich nicht jedes beliebige Stuck – wie ein Tier in der Jägersprache heißt – einfach geschossen. Deshalb sitzt man ja so lange auf dem Ansitz: Jeder Jäger muss erst einmal seinen Bestand kennenlernen. Wie viele weibliche und männliche Tiere sind im Revier? Wie viele trächtige Muttertiere? Gibt es kranke, alte, womöglich verletzte Tiere? Diese sind dann natürlich die ersten, die zu erlegen sind.«

»Und was macht ihr da so lange, wenn einfach kein Tier vorbeikommt?«, fragte ich ihn anfangs aus. Ich hatte zwar immer schon viel mit Jägern zu tun, aber die Details der Jägerei lernte ich auch erst durch Franz' Jagdausbildung kennen.

Da kommt Franz ins Schwärmen, denn die Naturbeobachtung ist für ihn ein wesentlicher Grund dafür, dass er Jäger geworden ist: »Ehrlich gesagt geht es mir nicht in der Hauptsache ums Schießen, sondern darum, stundenlang durch den Wald zu streifen, viele Stunden auf dem Ansitz zu verbringen und vom Berg weit ins Tal zu schauen, wenn die Sonne gerade auf- oder untergeht. Man muss ganz leise sein und sich möglichst nicht bewegen. Deshalb hört man jedes kleine Knacken und Piepsen im Wald, die letzten Vogelstimmen im dämmerigen Abendlicht und das erste fröhliche Gezwitscher am frühen Morgen – das liebe ich! Und allen, die mir dann immer sagen: ›Es hindert dich doch keiner dran, jederzeit in den Wald zu gehen und die Stille zu genießen, dafür musst du doch nicht Jäger werden‹, antworte ich, dass sie ja recht haben. Aber ich tue das sonst einfach nicht, ich brauche einen Grund dafür, einen Antrieb, und das ist die Jägerei: die Tatsache, dass ich einen Abschuss zu erfüllen habe, dass ich herausfinden muss, wann ich welches Tier am besten erlege.«

Inzwischen ist Franz ein eigener Pirschbezirk in den Bergen übertragen worden – ein Glücksgriff: nicht weit von zu Hause entfernt und mit einer grandiosen Aussicht über den Chiemgau. Die Pirsch ist vor allem im Bergwald von Bedeutung. Im Gegensatz zur weit häufigeren Ansitzjagd ist der Jäger dabei im Wald unterwegs, muss sich dort sehr sicher und leise bewegen und dann sehr schnell sein, sobald er eines der Tiere, die im wörtlichen Sinn auf der Abschussliste stehen, zu Gesicht bekommt. Aber auch wenn Franz heute viel Übung und Erfahrung hat, jagt er immer noch nach der Devise: Lieber einen Abschuss weniger, als ein Tier schlecht zu schießen.

ÜBER DAS TÖTEN

»Außerdem empfinde ich es als eine Entwertung des Wildbrets, wenn der Schuss nicht optimal war. Die Achtung vor jedem einzelnen Tier hindert mich daran zu schießen, wenn ich nicht ganz sicher bin, dass das Tier ohne Angst und ohne Schmerzen stirbt.« Franz ist da ganz klar, und das gefällt mir. »Natürlich ist der Schuss an sich kein schöner Akt, und ein Tier zu töten macht den meisten Jägern keine Freude. Doch auch unter den Jägern gibt es nicht wenige schwarze Schafe, und das sind die, die den Ruf aller beschädigen.

Ich werde oft von Wanderern und Spaziergängern angesprochen, wenn sie mich mit Gewehr im Wald antreffen. Viele beginnen eine Diskussion mit mir, und es geht meistens um das Töten von Tieren. Ich bin sehr froh, wenn ich viele dann doch zum Nachdenken bringe. Denn im Wald geschieht das Töten ganz offensichtlich, alle sehen, dass ich ein Gewehr über der Schulter trage. Das massenhafte Töten der Schweine, Rinder und Hähnchen, die täglich auf unseren Tellern liegen, das geschieht im Verborgenen, und da will auch keiner so genau hinschauen. Bilder im Fernsehen oder von Tierschützern verstören da nur, denn sie zeigen das äußerst grausame Schlachten unserer sogenannten Nutztiere, die nach einem freudlosen Leben großen Stress erleiden, mit Schlägen in den Schlachthof getrieben oder gezerrt werden und dort dann, in Panik und vollgepumpt mit Stresshormonen, ihr kurzes Leben beenden.

Das Wild wird bei der Jagd, wie ich sie betreibe, nicht gehetzt, nicht getrieben und nicht in Panik versetzt. Es wird in seinem natürlichen Lebensbereich erlegt und erleidet auch bei dem Schuss keinen Stress. Denn der Schall, der das Wild erschrecken würde, ist erst nach dem Eintritt des Projektils zu hören, und da ist das Tier schon tot. Dem erlegten Tier stecke ich dann einen kleinen Zweig einer Buche oder einer Eiche ins Maul oder auch von einer Tanne oder Fichte – eine alte Tradition, die ich gerne pflege. Das ist eine Ehrerweisung vor dem Geist des toten Tieres. Ein zweiter Zweig kommt auf meinen Hut.«

ÜBER FUCHSPELZE UND ÖKOLOGISCHE LEBENSWEISE

»Oft stoße ich auf Unverständnis, wenn es um den Abschuss von Füchsen geht. ›Die kann man doch nicht mal essen‹, ist dann das Argument, ›die könntet ihr doch am Leben lassen!‹

Aber auch der Fuchsbestand muss reguliert werden. Ist er zu groß, sind die zahlreichen Bodenbrüter und die Feldhasen gefährdet, außerdem übertragen Füchse viele Krankheiten. Eine zu niedrige Fuchspopulation lässt den Mäusebestand übermäßig anwachsen, deshalb greift auch hier der Mensch ein, um zwischen Füchsen und ihren Beutetieren ein Gleichgewicht herzustellen.

Unendlich schade finde ich es, dass nicht mehr Fuchsfelle zu Kleidungsstücken oder wärmenden Decken verarbeitet werden. Die geschossenen Tiere werden zumeist komplett in der Tierkörperverwertung entsorgt. Schade um das schöne Fell! Die Anti-Pelz-Kampagnen der letzten Jahrzehnte waren da sehr erfolgreich, mit einem Fuchspelz um den Hals kann man nicht mehr in die Öffentlichkeit gehen. Dabei muss für diesen Pelz kein Tier leiden.

Die vielen echten Pelze, die aber trotzdem getragen werden, kommen aus dem Ausland – von Tieren, die in Pelzfarmen keineswegs artgerecht gehalten werden. Zwar sieht man ganze Pelzmäntel kaum mehr auf unseren Straßen, aber die Pelzumrandungen von Kapuzen und die vielen kleinen Pelzbommel auf Mützen oder als Schlüsselanhänger, die gerade sehr populär sind, stammen auch von auf Farmen gehaltenen Tieren. Zudem sind sie häufig mit Pestiziden belastet.«

Franz und ich, wir machen uns da viele Gedanken. Es ist nicht so einfach, wenn man tierlieb und umweltschonend leben will. Aber mir scheint, dass natürliche Materialien für die Kleidung und auch für Textilien im Haus und in der Wohnung am besten für die Umwelt sind: Leinen und Wolle, Leder und Fell. Klar tragen wir auch Sportklamotten aus Kunstfaser, Turnschuhe und Rucksäcke aus Plastikmaterial. Aber ich versuche, sie immer mehr zu vermeiden, und nehme zum Beispiel alte Rucksäcke meines Vaters und meines Großvaters mit auf den Berg, aus Stoff, mit Kordeln aus stabiler Hanfschnur und Trageriemen aus Leder.

Auch das Rehfell wird im Allgemeinen entsorgt. Franz hat nach langem Suchen einen Gerber in der Nähe gefunden, der ihm das Leder sämisch gerbt, damit man dann eine kurze Trachtenlederhose daraus nähen lassen kann. Das ist sein nächstes Projekt – es passt zu unserer Vorstellung von möglichst kompletter Verwertung des Tieres und von ökologischer Lebensweise.

NACHHALTIGER FLEISCHGENUSS

Das Fleisch des Wilds verarbeitet Franz selbst. Ein Reh wiegt nach dem Aufbrechen, also nachdem die Innereien entfernt wurden, 14 bis 16 Kilogramm. Es kommt ein paar Tage in die Kühlung und wird dann erst entbeint. Übrig bleiben etwa 5 Kilogramm reines Fleisch. Meist friert Franz das Fleisch portioniert ein, um es dann im Herbst und Winter zu verarbeiten, wenn die Temperaturen kühler sind und wir mehr Zeit haben.

Rind- und Schweinefleischgerichte lassen sich auch mit Reh oder Hirsch zubereiten: von Braten über Fleischpflanzerl bis Gulasch. Besonders fein sind die Rehbratwürste, die Franz herstellt. Er mischt dafür gern verschiedene Fleischsorten, und weil das Rehfleisch wenig Fett enthält, kommt noch Speck von unseren Almschweinen dazu.

Das Fleisch wird zuerst eingesurt, also mit Salz und Gewürzen eingelegt und damit haltbar gemacht. Daraus kann man dann Geräuchertes machen oder auch Räucherwürste wie Pfefferbeißer oder Salami. Mit dem von Franz geschossenen Wildfleisch und dem Fleisch von der Alm sind wir bis zur nächsten Saison mit Fleisch und Wurst reichlich versorgt.

Der Genuss von Fleisch ist aber in unserem Speiseplan etwas Besonderes. Gern tauschen oder verschenken wir auch unsere mit Hingabe erzeugten Fleischprodukte. Dabei ist es schön zu beobachten, wie unsere Leidenschaft für die Selbstversorgung bei unseren Bekannten Begeisterung auslöst und diese wiederum selbst weitere Ideen dafür entwickeln.

Uns ist außerdem natürlich klar, dass nicht jeder seinen Fleischbedarf so nachhaltig decken kann wie wir. Aber jeder kann zumindest beim Einkauf darauf achten, dass das Fleisch aus artgerechter, ökologischer Tierhaltung stammt. Und wer sich bemüht, wird auch Direktvermarkter finden, die Fleisch aus Hofschlachtungen anbieten, obwohl die bürokratischen Vorschriften leider immer strenger werden.

Mein

REZEPT

Franz' Rehbratwürste

Für die Bratwürste ist vor allem eine gute Fleischqualität wichtig, dazu hochwertige Gewürze und gutes Salz. Franz hat sich für Steinsalz entschieden, das früher auch viel verwendet wurde. Auf Nitritpökelsalz verzichtet er komplett. Gute, schmackhafte Würste und Geräuchertes lassen sich auch ohne gesundheitsschädliches Nitritsalz herstellen. Franz hat viel recherchiert und mit Biometzgern gesprochen, und so entstand dieses Rezept für seine Würste. Er verarbeitet das Fleisch eines ganzen Rehs ohne Rücken, denn der wäre zu schade für die Wurstherstellung. Dazu kommt ein Anteil fettes Schweinefleisch, weil das Wildfleisch fast kein eigenes Fett enthält. Für Konsistenz und Geschmack benötigt man aber Fett.

Von einem ganzen Reh erhält man im Durchschnitt 4 bis 5 Kilogramm Fleisch. Den Rehrücken verwendet man für die Bratwürste nicht, weil dieses zarteste Stück vom Reh zu schade zum Wursten wäre. Daraus bereiten wir einen Festtagsbraten zu.

Für 1,75 kg Wurstmasse/etwa 6 Portionen:

1 kg Rehfleisch (ohne Rehrücken)

750 g Wammerl (Schweinebauch)

32 g Steinsalz

4,5 g schwarzer Pfeffer, frisch gemahlen

2 EL gerebelter Majoran

2 g Piment

4,5 g gemahlene Muskatblüte

Außerdem brauchen Sie:

Fleischwolf

Wurstfüller

Wurstdarm (Natursaitlinge, am besten Schafsnaturdarm, Durchmesser 20–22 mm)

1 Das Rehfleisch von den Sehnen befreien und in walnussgroße Stücke schneiden. Beim Wammerl die Schwarte entfernen, das Fleisch ebenfalls in walnussgroße Stücke schneiden.

2 Salz und Gewürze (vom Majoran nur die Hälfte) im Mixer fein mahlen. In einer großen Schüssel das Fleisch mit der Salzmischung und dem restlichen Majoran gut vermengen.

3 Die Masse dann leicht anfrieren, dadurch lässt sie sich im Fleischwolf besser verarbeiten.

4 In den Fleischwolf eine Drei-Millimeter-Scheibe einsetzen und die Wurstmasse durch den Wolf drehen.

5 Die Masse in eine Rührschüssel geben und mit den Knethaken der Küchenmaschine gut durchkneten. Dadurch erreicht man eine gute Bindung der Masse. Alternativ kann man die Wurstmasse auch mit den Händen gut durchkneten.

6 Die rohe Wurstmasse probieren und eventuell noch einmal abschmecken. Wer die rohe Masse (wie ich) nicht gern probiert, brät sich ein kleines Fleischpflanzerl in der Pfanne. Hat das Fleischpflanzerl noch nicht genug Bindung, wenn es also bröckelt oder gar zerfällt, die Masse noch einmal gut durchkneten.

7 Anschließend die Masse in den Wurstfüller geben, den Darm aufstecken und mit der Masse füllen. Die Würste bei der gewünschten Länge abdrehen, zum Beispiel bei etwa 15 cm.

8 Die fertigen Würste entweder frisch braten und verzehren oder portionsweise einfrieren. Sie sind verderblich wie Hackfleisch und maximal einen Tag im Kühlschrank haltbar.

Varianten

- Nach Belieben können die Gewürze ergänzt werden, zum Beispiel durch Knoblauch, Ingwer, Paprika oder Petersilie. Auch etwas Rotwein oder Schnaps runden den Geschmack ab.
- Aus der gewürzten Fleischmasse lassen sich statt Würsten auch sehr gute **Rehpflanzerl** herstellen: einfach in etwas Butterschmalz oder Öl in der Pfanne braten.

Hochsommer auf der Alm

Das ist die schönste Zeit auf der Alm: wenn die Tiere eingewöhnt sind, alles seinen Gang geht, genug Gras auf den Weiden und genug Wasser in den Brunnen ist. Dann genieße ich den Almsommer in vollen Zügen. Aller Arbeit zum Trotz: An jedem einzelnen Tag mache ich mir klar, wie groß mein Glück ist, hier sein zu dürfen. Wie wenig selbstverständlich dieses Privileg ist, dass ich einen Beruf habe, der mir diesen zeitweisen Ausstieg ermöglicht, einen Mann, der mich unterstützt – obwohl es ihm eigentlich lieber wäre, ich bliebe daheim –, und dass es Almbauern gibt, die meine Ideen von freilaufenden Ziegen und Schweinen auf der Alm mitmachen.

Manchmal allerdings blitzt in mir die Erkenntnis auf, dass ich nicht zu sicher sein darf, mit meiner Erfahrung und Routine könne nichts mehr kommen, was mich aus der Bahn wirft. Klar habe ich schon so viele Situationen erlebt und gemeistert in meinen sieben Almjahren, dass ich entspannter und selbstbewusster geworden bin. Ich habe Unwetter mit sintflutartigem Regen erlebt, Schneeeinbrüche im Juni und lange sonnige Perioden, in denen die Weiden auszutrocknen drohten und die Brunnen kein Wasser mehr führten. Doch jede Almsaison ist anders, und immer wieder taucht ein neues Problem auf, das gelöst werden muss, jeder Tag bringt eine neue Überraschung.

SCHWEINE UND RINDER AUF EINER WEIDE – OB DAS GUT GEHT?

So fragte ich mich zum Beispiel, wie die beiden Schweine auf die große Rinderherde reagieren würden: ängstlich? Oder zu neugierig, sodass sie Gefahr liefen, von den Großtieren bedrängt und angegriffen zu werden?

Deshalb hatte Franz noch fünf große Zaunelemente konstruiert, mit denen wir vor dem Schweinestall einen geräumigen Auslauf bauten. So konnten die beiden Sauen vor den Rindern geschützt nach Herzenslust wühlen. In der ersten Woche ließ ich die Schweinchen immer mal wieder unter Beobachtung außerhalb des Gatters laufen, doch ihre Neugier und vor allem die große Zahl der Rinder brachten die kleinen Schweine schnell in Bedrängnis. Sie quiekten dann laut und rannten schneller, was wiederum die Begeisterung der Kühe für die unbekannten Wesen steigerte – mit dem Erfolg, dass die ganze Herde eine kleine Treibjagd auf die wehrlosen Ferkel unternahm. Das schrille Quieken animierte sie natürlich noch zusätzlich. Aber ich war ja dabei und trieb die Ferkel immer wieder rechtzeitig in ihren Auslauf hinein.

Dreimal am Tag brachte ich ihnen Futter – ein ganz schöner Kraftakt, die schweren Kübel quer über die Weide zu schleppen: Molke, Brot, Kartoffeln und Getreideschrot für zwei hungrige Sauen haben einiges an Gewicht, noch dazu, wenn man im Ampferfeld rund um den Schweinestall knöcheltief im Schlamm watet. Wir mussten den Stall samt Auslauf deshalb öfter mit dem Traktor versetzen.

Durch den täglichen engen Kontakt gewann ich immer mehr das Vertrauen meiner Schweinchen. Ich streichelte sie häufig, bürstete sie mit der Wurzelbürste ab, was sie sichtlich genossen, und ratschte viel mit ihnen.

Einige Wochen waren so vergangen, da bemerkte ich, dass die Schweine los waren. Sie hatten sich einen Weg in die totale Freiheit gesucht und den Auslauf an einer Stelle einfach mit ihren kräftigen Schnauzen aufgedrückt. Weit hatten sie sich nicht entfernt, aber sie erkundeten eifrig grunzend die Weide, auf der die Rinder grasten. Ich beobachtete sie eine Weile, denn noch drohte keine Gefahr, Jungvieh und Kälber schenkten den Ausreißern noch keine Aufmerksamkeit. Sicherheitshalber öffnete ich eines der Holzelemente des Auslaufs einen Spalt weit, sodass eine Sau gerade hindurchschlüpfen

Meine Schweine sind glückliche Sauen, die in den heißen Sommermonaten nichts Schöneres kennen, als im frischen, kühlen Bergwasser zu plantschen.

konnte, nicht aber eine Kuh. So würden sich meine Schweine, wenn nötig, vor den Rindern retten können. Und so kam es dann auch. Als eine Gruppe Kälber sich näherte und es den Sauen zu heiß wurde, galoppierten sie auf ihren kurzen Beinchen in Richtung Saustall und fanden mit ein wenig Unterstützung den Eingang.

Von diesem Tag an ließ ich den Sauen ihre Freiheit. Sie streiften begeistert über die ganze Almfläche, waren im Wald und auch in steilerem Gelände unterwegs und relaxten in der Mittagshitze unter herabhängenden Fichten-

Zur Siesta ziehen sich die Herren Max und Otto gern ins weiche Heu zurück.

zweigen. Oft bekam ich sie stundenlang nicht zu Gesicht. Dann, wenn sich der Hunger meldete, rannten sie aus verschiedenen Richtungen zur Hütte und erinnerten mich laut grunzend daran, den Schweinetrog zu füllen. Ein Bild für die Götter! Welche Lebensfreude Schweine ausstrahlen können, die sich absolut frei bewegen dürfen, das lässt sich kaum beschreiben.

Abends trabten sie dann selbstständig in ihren Stall, sodass ich Auslauf und Stall Tag und Nacht offen ließ. Inzwischen hatten sie auch mit der Sau Freundschaft geschlossen, die auf Margits Alm ebenso frei lebte, und so zogen sie zu dritt herum. Wenn ich abends die Kälber in den Stall holte, waren die drei auch dabei und mussten sehen, was da so los war. Unvorsichtig, wie sie waren, merkte ich erst an einem Quieken hie und da, dass sie wieder einmal einen Tritt eines Kälbchens abbekommen hatten.

Doch als ich eines Morgens den schweren Futterkübel durchs Ampferfeld geschleppt hatte und einen leeren Stall vorfand, blieb mir fast das Herz stehen. Ich sah sofort schreckliche Szenarien vor meinem geistigen Auge: abgestürzte Sauen, vom Fuchs angeknabbert, oder von den Rindern getretene, verletzte Tiere – fast bereute ich es schon, die beiden so frei gehalten zu haben. Ich hielt auf den Weiden rund um die Hütte Ausschau, ging hinüber zu Margit, die allerdings ihre Sau auch vermisste, und kam schließlich auf die Idee, im Kuhstall nachzuschauen. Keine Sau. Aber ein lautes, regelmäßiges Schnaufen führte mich zum Heuhaufen im hinteren Teil des Stalles.

Die Erleichterung war grenzenlos, und fast hätte ich laut losgelacht: Die drei Grazien hatten sich ins Heu gewühlt und lagen, fast komplett zugedeckt, genüsslich schnarchend vor mir. Nur Augen und Nasenlöcher schauten noch heraus. Ich schlich mich leise aus dem Stall, informierte Margit, und als die Schweine dann gegen acht Uhr langsam aus den Federn kamen, trieb ich sie hinaus auf die Wiese.

KRÄUTER AUF DER ALM

Jeden Tag finde ich nun immer mehr Kräuter auf meinen langen Streifzügen übers Almgebiet, wenn ich meine Jungrinder zähle und schaue, dass die unerfahrenen Kälber nicht auf Abwege geraten.

Das Besondere an diesem Almgebiet ist die außerordentlich große Pflanzenvielfalt – es sieht auf vielen Wiesen aus wie in einer Märchenwelt: Bunte duftende Blumen und Kräuter dicht an dicht, seltene Arten darunter, und überall brummt und schwirrt es von Schmetterlingen, Hummeln, Bienen und anderem geflügelten Getier. Wer sein Leben im Tal verbringt, hat solche Wiesen unter Umständen noch nie gesehen. In dem weitläufigen Gebiet leben auch noch viele Wildtiere, die andernorts selten geworden sind: Spielhahn, Gämsen, Hirsche, Murmeltiere und gelegentlich ein Adler, der mit scharfem Blick nach unten hoch über unseren Köpfen seine Kreise zieht.

Rund um die Hütte finde ich vor allem Bergthymian, Dost oder Bergoregano, die einheimische Goldrute und natürlich Brennnessel, Schafgarbe und Minze. Immer wieder zupfe ich unterwegs ein paar Kräuter ab und stecke sie ein.

Auf der Alm getrocknet verarbeite ich sie später daheim in meinem Kräutersalz, oder ich bewahre sie separat für einen Heiltee auf. Die **Goldrute** zum Beispiel ist, als Tee oder Kaltauszug genossen, ein sehr potentes Kraut bei allen Nierenproblemen. **Schafgarbe** wirkt wohltuend bei Magen- und Darmverstimmung, und die **Brennnessel** ist ohnehin eines meiner Lieblingskräuter: Frisch gebe ich sie manchmal ins Müsli oder bereite mir ein Omelett mit Brennnesselblättern zu. Im Herbst vor dem Almabtrieb haben die Brennnesseln schon Samen angesetzt, die ich dann jeden Tag sammle, trockne und anschließend in Schraubgläsern lagere.

Selbst entlang der Almwege wachsen Kräuter und Blumen in verschwenderischer Fülle.

Mein

REZEPT

Brennnesselomelett

Für 2 Portionen:

250 g frische Brennnesseltriebspitzen

1 kleine Zwiebel

1 Knoblauchzehe

4 EL Olivenöl

1 Prise gemahlene Muskatnuss

1 Prise Pilz-Zitronen-Salz (Seite 148)

4 Eier

3 EL Milch

4 EL geriebener Almkäse

frisch geschroteter Pfeffer zum Servieren (schwarzer oder bunter Pfeffer oder rosa Pfefferbeeren)

1 Die Brennnesseln, wenn nötig, waschen und trocken tupfen. Die Blätter fein hacken. Zwiebel und Knoblauch schälen und klein schneiden

2 Zwiebel und Knoblauch in 1 EL Olivenöl kurz andünsten. Brennnesseln zugeben und unter Wenden dünsten, bis sie zusammenfallen. Mit Muskatnuss und Pilz-Zitronen-Salz würzen. Die Masse etwas abkühlen lassen.

3 In einer Schüssel die Eier mit Milch und Käse verquirlen und die Brennnesselmischung hinzugeben.

4 In einer Pfanne 3 EL Olivenöl erhitzen. Die Omelettmasse hineingießen, glatt streichen und auf der Unterseite goldgelb backen. Das Omelett mit einem Pfannenwender umdrehen und fertig backen. Mit grob geschrotetem Pfeffer bestreut servieren.

◆ Das Omelett schmeckt natürlich frisch und heiß aus der Pfanne am besten. Ich lasse aber einen Rest gern abkühlen und esse ihn dann kalt mit aufgeschnittenen Tomaten und einem guten Almbutterbrot.

Variante: Wenn ich im Herbst auf der Alm einen frischen Steinpilz gefunden habe, wandert der auch manchmal ins Omelett. Den Pilz schneide ich dafür in feine Scheiben und brate ihn mit der Zwiebel-Brennnessel-Masse in der Pfanne kurz an.

BRENNNESSELSAMEN IM PESTO

Ich liebe Kräuterpestos, weil sie vielseitig einsetzbar sind und ich mich bei den Zutaten quer durchs Gartenjahr grasen kann. So bekommen wir immer eine Turbo-Nährstoffversorgung. Da man Pestos sehr gut in Gläsern einfrieren kann, bereite ich immer, wenn ich frische Wildkräuter geerntet habe oder wenn ich gerade Zeit habe, Pesto zu und schaffe damit ohne großen Aufwand Vorrat für den Winter. Wer lieber im Winter etwas frisch zubereiten möchte, für den finde ich das Brennnesselsamenpesto interessant.

Die Samen lassen sich im Spätsommer und im Herbst quasi nebenbei ernten und sind im Winter vielseitig einsetzbar. Von ihrem hohen Eiweiß-, Mineralstoff- und Vitamingehalt profitieren wir gerade im Winter: Der Eisengehalt der Brennnesselsamen, die Aminosäuren und das Vitamin C fördern die Blutbildung, geben uns Kraft und machen uns stark gegen Anflüge von Winterblues.

Das in den Samen enthaltene wertvolle Öl – mit einem hohen Anteil an Linolsäure, einer wichtigen ungesättigten Fettsäure – unterstützt unsere Hautfunktion, die Zellmembran und die Muskeln. Gerade auf der Alm, wo ich viele Stunden am Tag einer hohen UV-Strahlung ausgesetzt bin, brauche ich diese stärkenden natürlichen Mittel.

Brennnesseln wachsen rund um meine Almhütte. So kann ich morgens schon mit einem Müsli mit frisch geernteten Brennnesselsamen den Tag beginnen.

Brennnesseln gelten in all ihren Teilen als Stärkungsmittel bei Müdigkeit, Stress und Leistungsschwäche. Zudem wird ihnen, besonders den Samen, eine fruchtbarkeitssteigernde und aphrodisierende Wirkung zugeschrieben. Im Mittelalter soll es Mönchen und Nonnen sogar verboten gewesen sein, Brennnesselsamen einzunehmen. Ihre libido- und potenzsteigernde Wirkung wurde offenbar als Gefahr für das Keuschheitsgelübde angesehen. Den Samen wird nachgesagt, dass sie die Blutzirkulation im Becken und in den Genitalien anregen. Die in den Samen enthaltenen Phytohormone sind den menschlichen Östrogenen sehr ähnlich. Ihre Einnahme soll den weiblichen Zyklus harmonisieren und auf sanfte Art und Weise auch bei Wechseljahrsbeschwerden helfen.

DIE SAMEN ERNTEN UND TROCKNEN

Es gibt männliche und weibliche Brennnesselpflanzen. Die männlichen Pflanzen tragen Fäden mit Pollenkapseln, die die weiblichen Brennnesseln bestäuben. Letztere bilden dann die üppigen Samenstränge, die wir ernten.

Ich schneide ganze Pflanzenteile ab und trockne sie auf Papier in einem luftigen Raum. Dazu streife ich die Samenrispen vom dicken Brennnesselstängel, am besten mit Handschuhen, von unten nach oben. Blätter und Samen trockne ich nun separat – die Blätter verwende ich für Tee.

Nach ein paar Tagen trenne ich die Samen von den Rispen: Über einer großen Schüssel streife ich die Samen von den Stielen und »knete sie durch«, damit die Samen abfallen. Sie können nun in ein großes Sieb geschüttet und über einer Schüssel so lange gerüttelt und hin- und herbewegt werden, bis alle Samen von den Rispenresten durchs Sieb gefallen sind. Dann lasse ich sie noch einmal kurz durchtrocknen und fülle sie in ein großes Schraubglas.

Mein

REZEPT

Brennnesselsamen-Honig-Tonikum

Dieses Tonikum ist ein hervorragendes Stärkungsmittel im Winter oder in Zeiten der Rekonvaleszenz. Die Mischung ist basisch, mineralstoff- und proteinreich und wirkt antibakteriell – außerdem schmeckt sie gut. Durch die Kombination mit dem Honig kann der Körper die Samen besser aufschließen und verwerten.

Für 1 Glas à 150 ml:

5 EL getrocknete Brennnesselsamen

5 EL guter Imkerhonig (ca. 100 g)

1 Die Samen mit dem Honig verrühren.

2 In einem sauberen Glas aufbewahren. Die Mischung ist bis zur nächsten Saison, also ein Jahr lang, haltbar.

◆ Wir essen bei Bedarf täglich 1 bis 2 Teelöffel Tonikum pur, im Müsli oder als Brotaufstrich.

Variante: Wenn eine Erkältung im Anzug ist, schneidet man noch ein beliebig großes Stück geschälte Ingwerwurzel sehr klein, mischt es in das Tonikum und nimmt täglich davon 3-mal 1 Teelöffel ein. Es wirkt stark antiviral und kann eine Erkältung schon im Keim ersticken.

Mein

REZEPT

Brennnesselsamen-pesto

Für 1 Glas à 200 ml:

6 EL getrocknete Brennnesselsamen

5 Knoblauchzehen

40 g Walnusskerne

20 g Sonnenblumenkerne

8–10 EL kalt gepresstes Olivenöl

Kräutersalz

frisch gemahlener schwarzer Pfeffer

etwas abgeriebene Schale einer Biozitrone oder 1 Prise Zitronenzucker (siehe Seite 62)

1 Die Samen über Nacht in wenig lauwarmem Wasser quellen lassen.

2 Am nächsten Tag gegebenenfalls das restliche Einweichwasser abseihen. Den Knoblauch schälen und zu den Brennnesselsamen pressen.

3 Walnuss- und Sonnenblumenkerne in einer Pfanne trocken rösten, bis sie angenehm duften. Dann im Mixer mittelgrob mahlen.

4 Die Kerne zu den Brennnesselsamen geben. So viel Öl unterrühren, dass eine weiche Paste entsteht. Mit Kräutersalz, Pfeffer und Zitrone würzen.

5 In ein Gläschen abfüllen und vor dem Servieren mindestens 1 Stunde ziehen lassen.

Der **Gute Heinrich,** der sich wie auf vielen Almen auch um meine Hütte herum angesiedelt hat, ist sehr mineralstoffreich und für mich der ideale Spinatersatz. Ich koche ihn genau wie diesen, aber er schmeckt noch intensiver.

Auf einigen feuchten Wiesen in der Nähe der Alm wachsen große Mengen wilden **Schnittlauchs.** Seine Halme sind größer und dicker als beim Gartenschnittlauch, er schmeckt zwiebeliger und schärfer – ein idealer vitaminreicher Belag auf selbst gebackenem Brot mit Almbutter. Nach wenigen Wochen schießen seine kräftigen Blütenkugeln aus dem Boden und verwandeln die Feuchtwiese in ein violettrosa Blütenmeer. Ich zupfe die Einzelblüten vom Hauptstängel ab und lagere sie kühl bis zum nächsten Besuch von Franz. Er friert sie zu Hause ein, und ich verfeinere im Winter damit Suppen und Salate. Man darf die Blüten nur nicht waschen, dann lassen sie sich portionsweise aus dem Gefrierschrank nehmen. Beispielsweise auf eine Kürbis- oder Kartoffelsuppe gestreut sehen sie nicht nur dekorativ aus, sondern liefern auch einen Vitaminkick in den kalten Tagen. Und mich erinnern sie an meine schöne Almzeit.

BEERENZEIT

Schon ab Ende Juni bringe ich täglich eine Handvoll **Walderdbeeren** von meinen Touren mit in die Hütte – das heißt: *fast* täglich, denn ab und zu stecke ich mir die süßen Beerchen gleich in den Mund. Ein himmlischer Genuss, so frisch gepflückt! Die Erdbeeren wachsen an bestimmten Stellen, die ich inzwischen kenne: um einen alten Baumstumpf herum und geschützt neben ein paar großen Felsbrocken auf der Weide. Wenn ich an einem Tag sehr viele finde, verarbeite ich sie abends auf dem Holzofen in der Hütte zu Marmelade, denn sie halten sich, noch dazu ohne Kühlschrank, kaum ein paar Stunden. Gut, dass ich immer leere Gläser parat habe, denn die eingemachten Früchte und Sirupe von daheim gehen langsam zu Ende.

Wenn im Juli dann die **Arnika** leuchtend gelb in voller Blüte steht, setze ich einige Gläser Arnikatinktur an – Schnaps gibt es ja genug auf der Alm. Bei meinen Wanderungen übers Almgebiet habe ich schon im Juni eine große Wiese mit Arnikapflanzen entdeckt, sehr ausgesetzt, sehr windig. Im-

Gelb blühende Goldrute vor violetten Witwenblumen, ein Baldrian-Scheckenfalter auf einer Doldenblüte, Walderdbeeren, Bergoregano (von links oben im Uhrzeigersinn).

mer wieder schaue ich nach, ob sich die Blüten schon geöffnet haben, und als es so weit ist, pflücke ich zwei Handvoll Blüten. Nicht mehr, denn die Pflanzen sollen ja genug Kraft behalten, um sich auf dem Wiesenflecken weiter zu vermehren.

An die Arnikawiese schließt sich ein riesiger Bestand an **Taubeeren-,** also **Heidelbeer**büschen, an, wo ich mir in den Wochen der Beerenreife fast jeden Tag eine große Portion Beeren für mein Müsli, für einen schnellen Kuchen oder ein paar Gläser Marmelade hole.

Mein

REZEPT

Taubeeren-Apfel-Marmelade

Taubeeren, im Dialekt Dauwern, sagen wir zu Heidelbeeren. Die Forscher sind sich nicht einig, woher der Name kommt. Es könnte sein, dass die Tauben Namensgeberinnen waren, weil Heidelbeeren zu ihren Lieblingsspeisen zählen. Aber auch die Theorie, dass die Heidelbeeren wie von weißlichem Tau überzogen wirken, klingt plausibel.

Jedenfalls gibt es im Gebiet der Krottenthaler Alm einen ziemlich schönen Bestand an reich tragenden Heidelbeersträuchern. Wir haben im Sommer so viele geerntet, dass Franz die Beeren daheim im Gefrierschrank verstaut hat, wo ich sie im Herbst dann mit anderen Früchten kombiniert zu Marmelade verarbeitet habe.

Für 6 Gläser à 200 ml:

800 g Taubeeren (Heidelbeeren)

200 g Äpfel

500 g Gelierzucker 2:1

Saft von 1 Zitrone

2–3 EL Taubeeren-Likör (siehe Seite 142)

1 Die Taubeeren verlesen. Die Äpfel schälen, vom Kerngehäuse befreien und in Stücke schneiden.

2 Die Apfelstücke und Taubeeren mit dem Gelierzucker und Zitronensaft in einen großen Topf geben. Die Masse langsam unter Rühren erhitzen, bis sich der Zucker aufgelöst hat.

3 Nach Belieben mit dem Stabmixer vollständig pürieren oder nur teilweise, sodass noch Stückchen verbleiben.

Taubeerenmarmelade aus selbst gesammelten, wild gewachsenen Beeren, auf einem selbst gebackenen Brot mit frischer, selbst hergestellter Almbutter – ein unglaublich befriedigender Genuss.

4 Die Masse zum Kochen bringen und unter ständigem Rühren 3 Minuten sprudelnd kochen lassen. Vom Herd nehmen und den Likör unterrühren.

5 Die Marmelade in sterilisierte Gläser mit Schraubdeckel füllen. Die Deckel sofort zuschrauben und die Marmelade langsam abkühlen lassen.

Variante: Statt Äpfel kann man auch Birnen verwenden oder eine Mischung mit anderen Früchten ausprobieren.

Tipp: Die auf dem Berg oder im Wald gesammelten Heidelbeeren möglichst nicht waschen! Die zarten Beeren würden einen großen Teil ihres wertvollen, gesunden Saftes ins Waschwasser abgeben. Wer gekaufte Kulturheidelbeeren verwendet, sollte die Beeren natürlich waschen – allerdings eignen sich diese großen, relativ geschmacksarmen Beeren meiner Meinung nach nicht gut für eine Marmelade, zumindest wäre sie mit der aus Wildbeeren nicht vergleichbar.

Mein

REZEPT

Taubeerenlikör

Für 1 Flasche à 1 Liter:

250 g Taubeeren (Heidelbeeren)

40 g Kandiszucker (oder mehr, je nach Geschmack)

700 ml Obstbrand (ersatzweise Korn, Wodka)

1 Alle Zutaten in ein weithalsiges Glas oder eine Flasche mit 1 Liter Fassungsvermögen geben. An einen hellen Ort stellen – gern die ersten zwei, drei Wochen an ein sonniges Fenster, dann löst sich der blaue Farbstoff besser aus den Beeren. Insgesamt mindestens 6 Wochen ziehen lassen, dabei die Flasche gelegentlich schütteln.

2 Den Likör dann nach Belieben abseihen, man kann die Beeren aber auch in der Flasche belassen, das sieht sehr hübsch aus.

◆ Die abgeseihten Beeren kann man zur Verfeinerung von Nachspeisen verwenden, zum Beispiel zu Vanilleeis servieren oder unter den Obstsalat mischen.

Mein

REZEPT

Almtorte mit Wildbeeren

Diese Torte habe ich im vergangenen Sommer auf der Alm für Franz gemacht, als er nach einem langen Arbeitstag daheim Obst verarbeitete und dann abends noch mit dem Fahrrad zu mir hochstrampelte. Ich habe ja auf der Alm kein elektrisches Rührgerät, und so schlug ich das Eiweiß mit dem Schneebesen steif. Der Biskuitboden wurde dann nicht so hoch und fluffig wie sonst, weshalb ich kurzerhand die Beerenmenge verdoppelte – ich wollte ihm ja eine richtig schöne große Torte machen. Wir luden dann noch Margit ein, und alle waren von meiner Almtorte begeistert.

Für eine Springform (26 cm ø):

Für den Teig:

3 Eier

1 Prise Salz

90 g Zucker

90 g Dinkelmehl (Type 630)

1 Msp. Backpulver

1 TL Zitronensaft oder Zitronenzucker (siehe Seite 62)

1 Prise Vanillepulver

2 EL Sonnenblumenöl

Für den Belag:

500–600 g Wildbeeren (Taubeeren/Heidelbeeren, Walderdbeeren, Waldhimbeeren)

2 EL Taubeerenlikör (siehe Seite 142) oder -saft (Heidelbeersaft)

200 g Schlagrahm

1 TL Zitronenzucker (siehe Seite 62) oder Zucker

1 Den Boden einer Springform (Durchmesser 26 cm) mit Backpapier bespannen. Den Backofen auf 180 °C (Ober-/Unterhitze) vorheizen.

2 Die Eier trennen. Das Eiweiß mit Salz und Zucker mit den Quirlen des Handrührgeräts steif schlagen, bis eine glänzende Masse entstanden ist, die Spitzen zieht.

3 Die Eigelbe in einer kleinen Schüssel verquirlen. Zusammen mit den restlichen Teigzutaten auf die Eiweißmasse geben. Mit einem Kochlöffel rasch und vorsichtig unterheben – nicht rühren! –, sodass die Luftbläschen im Eischnee nicht zerstört werden. Der Teig muss eine lockere und gleichmäßige Beschaffenheit haben.

4 Die Masse in die vorbereitete Form gießen und in etwa 15 bis 20 Minuten goldgelb backen.

5 Den Biskuitboden kurz in der Form abkühlen lassen, dann auf ein Kuchengitter stürzen, das Backpapier abziehen und den Kuchen vollständig auskühlen lassen.

6 Die Beeren verlesen.

7 Den Biskuitboden mit dem Taubeerenlikör beträufeln.

8 Den Schlagrahm mit dem Zitronenzucker steif schlagen und auf den Kuchenboden streichen. Die Beeren auf dem Rahm verteilen und die Torte möglichst rasch servieren.

Tipp: Dieses Rezept lässt sich nach Belieben und Jahreszeit abwandeln: Die Torte schmeckt auch mit nur einer Beerenart, zum Beispiel im Frühsommer mit Erdbeeren. Dann den Tortenboden mit pürierten und leicht gezuckerten Erdbeeren statt Taubeerenlikör beträufeln und die übrigen Erdbeeren halbiert oder – bei kleinen Beeren – im Ganzen auf dem Zitronen-Schlagrahm verteilen.

Die getrockneten Pilze bewahre ich nach Sorten getrennt in Gläsern auf und verarbeite sie nach Bedarf zu kleinen Portionen Pilzpulver.

SCHWAMMERLSAISON

Später im Jahr, etwa ab August, beginnt die Zeit der Pilze. Zum Schwammerlsuchen muss ich mich auf der Alm nicht extra auf den Weg machen, das läuft beim täglichen Zählen der Rinder nebenbei. Ich genieße es, durch den Bergwald zu ziehen und auf meinen langen Streifzügen fernab der Wanderwege den würzigen Geruch des Waldbodens zu atmen und ganz nebenbei auch noch einen Rucksack voller Pilze mit auf die Hütte zu bringen.

Auf der Suche nach meinen Kühen und Kälbern stolpere ich manchmal geradezu über Steinpilze, ich finde auch immer wieder Maronen, Reherl und Hirschzunge. Letzterer ist ein Pilz, der sehr intensiv schmeckt und in geringer Dosis als Gewürz meine Pilzgerichte bereichert.

Wieder auf der Alm koche ich bisweilen eine Schwammerlsuppe und lade meine Nachbaralmerin ein. Finde ich nur ein, zwei Pilze, schneide ich sie in Scheiben und trockne sie neben dem Herd. Die getrockneten Pilze sammle ich in einem großen Glas, und daheim mache ich dann daraus Pilzpulver oder Pilzsalz – ein hervorragendes Gewürz, das zu vielen Speisen passt und sich besser dosieren lässt als ganze getrocknete Pilze.

Mein

REZEPT

Pilzpulver

Am besten schmeckt eine Mischung aus verschiedenen Pilzen. Bitte darauf achten, dass sehr würzige, intensiv schmeckende Pilze nur einen geringen Anteil ausmachen.

Menge nach Belieben:

Getrocknete Waldpilze
(zum Beispiel Steinpilze, Maronen-Röhrlinge, Reherl/Pfifferlinge, Hirschzungen/Habichtspilze)

1 Die Pilze im Mixer zu feinem Pulver vermahlen.

2 In einem Schraubglas trocken und dunkel aufbewahren.

◆ Das Pilzpulver verwende ich für Risotto, Gemüse- und Fleischgerichte. Es lässt sich gut dosieren und braucht keine Vorbereitungszeit, wie man sie sonst bei getrockneten Pilzen einkalkulieren muss, die vor der Verarbeitung eingeweicht werden müssen.

◆ Das Pulver hält sich im Schraubglas einige Monate. Ich bereite immer nur ein, zwei Gläser davon zu und bewahre die restlichen getrockneten Pilze lieber unzerkleinert auf. So behalten sie das Aroma besser, und ich kann ja jederzeit wieder »frisches« Pilzpulver herstellen.

Mein

REZEPT

Pilz-Zitronen-Salz

Beim Vermahlen des Pilzpulvers kam mir die Idee, gleich ein Würzsalz mit Pilzgeschmack herzustellen. So habe ich nach einigem Experimentieren eine Mischung aus Pilzpulver, Salz und Zitronenpulver erfunden, die eines meiner liebsten Würzmittel nicht nur auf der Alm geworden ist.

Für ein Glas à 150 ml:

Schale von ½ Biozitrone

40 g getrocknete Pilze

100 g Steinsalz

1 Die Zitronenschale mit einem kleinen scharfen Messer spiralförmig abschneiden und trocknen. Ich hänge die Zitronenspiralen über meinen Holzofen, wo sie schon nach ein, zwei Tagen völlig durchgetrocknet sind.

2 Zitronenschale, Pilze und Steinsalz im Mixer fein vermahlen. Manche Pilze lassen sich nicht ganz mehlfein pulverisieren, was mich aber nicht stört. Ich finde es im Gegenteil schön, wenn man an einer leicht unterschiedlichen Struktur die Bestandteile der Salzmischung noch erkennen kann: ein paar gelbe Tupfen von der Zitrone und dunkelbraune Steinpilzpunkte.

3 Das Pilz-Zitronen-Salz ist monatelang haltbar, verliert aber bei zu langer Aufbewahrung allmählich an Aroma. Besser öfter kleine Portionen frisch zubereiten!

DIE GEISSEN UND DER HOPFEN

Einmal verabredete ich mich mit meiner Nachbaralmerin Margit zu einer längeren Bergtour. Es war am Tag vor Sonnwend, das werde ich nie vergessen. Wir standen schon vor Sonnenaufgang auf, kurz nach vier, um bis elf Uhr mit der Stallarbeit, dem Versorgen der Tiere und der Käsepflege fertig zu werden. Dann packten wir unsere Rucksäcke, gingen über die nächstliegenden Gipfel zu ein paar Almnachbarn, die etwa eine Stunde entfernt sind, und gönnten uns ein verspätetes Mittagessen im Rotwandhaus.

Auf dem Rückweg zur Alm fiel mir auf, dass die Ziegen vor Margits Hütte auf den Hinterbeinen standen und an irgendetwas herumzupften – schneeweiß, wie sie sind, sieht man sie schon von Weitem. Eine düstere Vorahnung ließ uns schneller laufen und tatsächlich: Die beiden Genießer hatten die schöne Hopfenpflanze, die sich an der Hüttenwand emporrankte, von oben herab abgefressen, bis nur noch ein knapp meterlanger Stängel übrig war. Den hatten wir vor Wochen sorgfältig mit einem Verbissschutz aus Hasendraht ummantelt, als die Geißen auf die Alm kamen und eben gerade einen halben Meter groß waren. Damals hatte ich nicht bedacht, dass die Ziegen natürlich schnell wachsen würden und inzwischen locker an die feinen Triebe herankamen, noch dazu, wenn sie sich auf die Hinterbeine stellten.

Oh, die Tür ist offen! Die Ziegen wittern jede Gelegenheit, in die Hütte zu gelangen.

Margit lächelte tapfer und meinte, dann gäbe es halt erst nächstes Jahr wieder neuen Hopfen. Das rechnete ich ihr wirklich hoch an, denn erstens war sie ohnehin keine große Ziegenfreundin, und zweitens hatten meine eigensinnigen Böckerl schon öfter bei ihr zugeschlagen: Bei ihrem Antrittsbesuch auf der Nachbaralm hatten sie Margits schönen großen Basilikumstrauch, der auf der Terrasse stand, komplett verputzt, sodass im Topf nur noch die nackte Erde übrig geblieben war.

Die kleinen Rangeleien zwischen den beiden Ziegenbrüdern Peterl und Pauli sind immer nur spielerischer Natur.

Bis auf ihre kulinarischen Entdeckungsreisen waren die Ziegen aber gut zu halten. Abends liefen sie immer eifrig mit den Kälbern in den Stall in der Hoffnung, dass von dem Kraftfutter und dem feinen Heu, das die Kälber allabendlich bekamen, auch für sie etwas abfallen würde. Aber da musste ich aufpassen, denn Ziegen dürfen keine größeren Mengen an Kraftfutter erwischen, weil das ihren Verdauungstrakt völlig überfordern würde. Sie können sogar daran sterben. Ursprünglich ist die Ziege eine Bewohnerin karger Landschaften, und daran sollte man als Ziegenhalterin immer denken.

Kaum im Stall sprangen die dreisten Geißen auf den Futterbarren der Kälber. Sie ließen sich weder von den Kälbern noch von den Jungrindern oder gar den Schweinen den Schneid abkaufen, wie man in Bayern sagt – sie hatten vor nichts und niemandem Respekt. Nicht einmal vor mir. Doch es gab eine bestimmte Tonlage und einige nonverbale Körpersignale von mir, an denen sie dann doch merkten, wenn sie den Bogen wieder einmal überspannt hatten.

Peter und Paul hatte ich die beiden getauft, und sie waren sehr liebenswürdige Ziegen. Pauli war ausgesprochen verschmust, brauchte den menschlichen Körperkontakt und holte ihn sich auch. Mehrmals am Tag kam er plötzlich herbeigelaufen und schmiegte sich an meine Beine, bis ich mich bückte, ihn streichelte und ihm Zeit und Aufmerksamkeit schenkte. Auch morgens im Stall wurde ich gleich lautstark begrüßt. Da warteten beide auf ihre Streicheleinheit, die sie schnell beruhigte. Die Nacht verbrachten sie an einer langen Leine im Stall, ein Drehkarabiner verhinderte, dass sie sich in dem Strick verhedderten.

Zum Frühstück bekamen sie Wasser und Getreideschrot. Damit waren sie erst einmal beschäftigt, bis ich die Kälber gefüttert, gewaschen und ausgemistet hatte. Dann zogen wir gemeinsam los, um die Milchkuh zum Melken von der Weide zu holen. Manchmal blieben die Ziegen draußen, bis ich mit dem Melken fertig war, zupften an den Kräutern herum und kamen später wieder zur Hütte zurück. Wenn ich danach zu meiner vormittäglichen Rinder-Zähl-Runde aufbrach, nahm ich sie gerne mit. Anfangs immer eine an der Leine, und nach den ersten hundert Metern konnte ich sie frei laufen lassen. Sie hatten die größte Freude, auf kleinen Steigen mal hinter, mal vor mir herzulaufen. Stundenlang zogen wir so durchs Almgebiet, manchmal wanderten wir gemeinsam zum Sonnenauf- oder -untergang auf einen Gipfel – und immer ging es ganz ohne sprichwörtliches Gezicke.

Am liebsten würden die verschmusten Ziegen auf meinem Schoß sitzen. Besonders Pauli kuschelt gern und reibt seinen Kopf an meinem.

Die Ziegen heiterten mich wirklich jeden Tag auf. Pauli, mein Schmuser, rieb seinen Kopf immer gern an meinem Hals und Gesicht. Peterl dagegen brauchte diese Nähe nicht. Er war viel klarer und noch frecher als sein Bruder. Das Wichtigste in seinem Leben war, wie es schien, immer etwas Feines zu fressen zu erwischen, gerne auch zu ergaunern. Sobald die Hüttentür offen stand, witschten die beiden in die Stube – erst Peterl, Pauli hinterdrein – und holten sich alles Essbare vom Tisch oder aus den Regalen. Daran musste ich mich erst gewöhnen, doch ich konnte ihnen nicht böse sein. Es ist ihre Natur, und der Fehler lag bei mir. Schimpfen und Schreien würde sie nicht daran hindern, die nächste Gele-

Mit meinen zwei Ziegen war ich den ganzen Sommer hindurch im Almgebiet ein häufig geknipstes Fotomotiv.

genheit wieder zu nutzen. Entweder ich passte auf und schloss die Tür, ließ außerdem nichts Interessantes auf dem Tisch vor der Hütte stehen, oder ich war selbst schuld, wenn sich die Tiere bedienten. Das machte ich mir einmal klar, als ich mich sehr über den Verlust eines frisch gebackenen Kuchens ärgerte und mich selbst dabei beobachtete, wie ich die Tiere anschrie. Danach versuchte ich, eine entspanntere Haltung einzuüben und mir das den ganzen Sommer über immer wieder ins Bewusstsein zu rufen. Das nahm mir sehr viel Stress, und ich hatte das Gefühl, dass mich die Ziegen mit ihrer Leichtigkeit und Unbeschwertheit angesteckt hatten. Sie strahlten eine wunderbare, positive Energie aus mit ihrer frechen, liebevollen Art, die ich bis heute in meinem Herzen trage. Ja, ich hatte mich schon nach kurzer Zeit sehr verliebt in meine Ziegen!

DIE ZIEGEN SIND WEG!

Umso schlimmer, dass sie eines Tages einfach weg waren. An einem sonnigen Sonntag hatte ich mit Franz eine schöne Wanderung im Almgebiet unternommen – und als wir am Nachmittag zurückkehrten, waren meine zwei Sonnenscheine verschwunden. Sie kamen zur Stallzeit nicht wieder und auch am Abend, als es dunkel wurde: keine Spur. Noch in der Dämmerung lief ich suchend und rufend die Alm ab. Mein Herz wurde richtig schwer, und ich schlief schlecht in dieser Nacht.

Am nächsten Tag suchte ich drei Stunden lang und fragte auch im Naturfreundehaus nach, das etwas oberhalb von meiner Almhütte steht und gern von Familien mit Kindern genutzt wird. Sie freuten sich immer sehr über die zutraulichen Ziegen – vielleicht waren sie dort irrtümlich eingesperrt worden?

Fehlanzeige. Vielleicht waren sie wieder einmal mit Wanderern mitgegangen, die es lustig fanden, die Ziegen zu locken und sich begleiten zu lassen. Dann stiegen die Menschen in die Seilbahn ein, und die Ziegen fanden nicht mehr zur Hütte zurück. Deshalb informierte ich das Taubensteinhaus und die Seilbahnstation und machte mich auf den Weg zu den anderen Almen im Umkreis. Margit unterstützte mich bei der Suche – das rechne ich ihr hoch an – trotz abgefressenen Hopfens und Basilikums!

Ziegen fressen gern Gestrüpp wie Wildrosen und Disteln und halten deshalb die Weide von unerwünschtem Bewuchs frei.

»Haben Sie zufällig zwei weiße Ziegen gesehen?« Wir sprachen alle entgegenkommenden Wanderer an, von denen uns manche anschauten, als wären wir nicht ganz richtig im Kopf. Aber es gab keine Hinweise auf meine Lieblinge.

Erst als wir am späten Nachmittag umkehrten, weil wir ja zum Melken mussten, klingelte mein Handy: Tom vom Taubensteinhaus hatten gerade Gäste erzählt, dass auf dem Taubensteingipfel zwei weiße Ziegen herumstehen würden! Dort waren sie offenbar den ganzen Nachmittag schon die Touristenattraktion und zierten bereits viele Selfies. Mir wurde ganz heiß und kalt, und am liebsten hätte ich auf dem Absatz kehrtgemacht. Aber die Arbeit ging vor. Wir beeilten uns, und ich hoffte inständig, dass die Ziegen noch so lange bleiben würden, wo sie waren.

Als alle Tiere gut versorgt waren, schnürten wir wieder unsere Bergschuhe und machten uns auf den Weg zum Taubenstein. Beim Gehen wurde

Die Nächte sind auf der Alm oft kurz: Auch wenn man bis in die Dunkelheit beschäftigt war, dämmert schon wenige Stunden später der Morgen, und ein neuer Arbeitstag beginnt.

uns allen beiden plötzlich flau, und wir merkten, dass wir seit einem sehr frühen Frühstück vor lauter Aufregung nichts gegessen hatten. Ich versprach Margit ein spätes Festessen, wenn sie mir noch helfen würde, meine Ziegen zu finden. Kaum war der Gipfel in Sichtweite, erblickte ich meine beiden Ausreißer schon durchs Fernglas. Mein Herz machte einen Hüpfer vor Freude! Sie standen immer noch auf dem Gipfel herum, inzwischen allein, und fragten sich vermutlich, wie es jetzt weitergehen sollte. Die letzte Bahn war längst im Tal, Hunger hatten sie wohl auch, und die Uhr zeigte schon nach acht – längst Zubettgehzeit für kleine Ziegen! Kaum sahen sie uns kommen, rannten sie dann doch recht erleichtert – wie mir schien – auf uns zu. Als wäre nichts gewesen, schmiegten sie sich an unsere Beine. Zwei Tage lang waren sie allein unterwegs gewesen. Peterl an der Leine und Pauli frei laufend hinterdrein ging es zurück zur Alm. Sie rannten voller Freude vor uns her, machten Faxen und fraßen zwischendurch die besten Kräuter am Wegesrand. Im Stall gingen sie gleich zu ihren Schlafplätzen, fraßen noch etwas Getreide und legten sich dann entspannt ins Strohbettchen.

Es war schon fast 22 Uhr, als Margit und ich uns erst einmal ein kühles Weißbier einschenkten. Das hatten wir uns mehr als verdient. Dann brutzelte ich uns noch ein schönes Stück Fleisch in der Pfanne, das mir Franz am Tag zuvor mitgebracht und mariniert hatte. Brot und Tomatensalat dazu, dann sanken auch wir in unsere Betten. Erschöpft, aber überglücklich hörte ich endlich wieder die feinen hellen Glöckchen der Geißen im Stall neben mir. Am Klang der Glocken kann ich die Ziegen genau von den Kälbern unterscheiden.

Am nächsten Tag feierte ich Geburtstag, und meine Lichtbringer, wie ich sie bei mir nannte, wiederzufinden war das schönste Geschenk, das ich mir nur hätte wünschen können.

Einige Male noch gingen die beiden auf die Stanz, doch inzwischen hatte ich vorgesorgt. Alle Nachbarn waren informiert und hatten meine Telefonnummer und einen Strick bekommen, um die Ziegen festbinden zu können. Meist trabten sie tatsächlich über den Wanderweg an der Seilbahnstation vorbei in Richtung Rotwand. Bela von der Taubensteinbahn fing sie jedes Mal ein und leinte sie an, bis ich die halbe Stunde hinaufmarschiert war. Wir tranken dann noch einen Schnaps, ratschten ein bisschen, und es ging zu dritt wieder heimwärts. Meine Geißen waren jetzt schon im gesamten Gebiet bekannt, an ihrem Halsband hatte ich ein Schild mit dem Namen der Alm und der Handynummer angebracht, und so konnte nichts mehr schiefgehen.

TREUE WANDERGEFÄHRTEN

An einem besonders heißen Tag in diesem Hitzesommer unternahm ich mit den beiden den längsten Ausflug, den wir je zusammen machten: über sechs Stunden reine Gehzeit, über den Taubenstein zur Rotwand, weiter zur Auerspitze und vorbei an den Ruchenköpfen zum wunderschönen Soinsee, einem Bergsee, eingebettet zwischen steile Felsabstürze und saftige Almwiesen. Klares, grünblau schimmerndes Wasser, eiskalt.

Natürlich wagte ich einen kurzen Sprung ins Wasser, argwöhnisch beobachtet von den Geißen. Als ich dann ein wenig vom Ufer wegschwamm, wurden sie zunehmend nervös und hörten nicht mehr auf zu meckern. Einen See hatten sie ja noch nie gesehen, so viel Wasser auf einmal machte ihnen Angst, und ich verschwand immer mehr in dieser glitzernden Fläche. Doch lange hielt ich es nicht aus in dem eisigen Wasser, und sichtlich erleichtert nahmen mich Peter und Paul am Ufer wieder in Empfang.

Ziegen sind zwar eher wasserscheu, aber ihre Neugier und der Durst lassen sie doch vorsichtig zu dem kleinen Wasserfall balancieren.

An den Großtiefentalalmen vorbei gingen wir zurück nach Hause, die Ziegen wie zwei treue Hunde immer dicht bei mir. Hie und da blieben sie kurz zurück und knabberten an einem besonders feinen Kräutlein, dann schlossen sie aber schnell wieder auf. Den Wanderern, denen wir begegneten, zauberten wir ausnahmslos ein Lächeln ins Gesicht. Die sehen ja nicht alle Tage eine Sennerin mit Stock und zwei weißen Geißen unterwegs auf dem Berg. Das machte mich glücklich: wie einfach es war, den Menschen allein durch unseren Anblick so viel Freude zu machen. Viele sprachen mich an und waren sehr berührt von dieser Begegnung.

Meine Hauptsorge gilt aber der großen Rinderherde aus Jungvieh und Kälbern und natürlich meiner Milchkuh. Und im Vergleich zu den zwar aufregenden, aber harmlosen Eskapaden von Schweinen und Ziegen gibt es mit so viel Großvieh richtig ernsthafte Zwischenfälle, die nicht immer ohne Blessuren abgehen.

Die meisten meiner Jungkühe auf der Alm sind trächtig. Die Geburt ist so berechnet, dass sie nach dem Almabtrieb im heimischen Bauernhof stattfindet. Das ist eigentlich kein Problem, da alle Tiere künstlich besamt sind und der Termin ziemlich gut eingekreist werden kann. Auch einzelne hochträchtige Kalbinnen kommen noch mit auf die Alm und werden dann ein, zwei Wochen vor dem Geburtstermin schonend im Anhänger wieder nach unten in den Stall gebracht. Ein großer Aufwand, den man aber gern in Kauf nimmt, weil sich die Tiere auf der Alm sehr entspannen und Kraft tanken und das Kalben dadurch erleichtert wird. Doch ab und zu kommt es auch vor, dass sich ein Kälbchen nicht an den errechneten Geburtstermin hält – wie das meiner trächtigen Kalbin Wuschl im vergangenen Sommer.

Beim Zählen der Tiere fiel mir auf, dass das Euter von Wuschl von Tag zu Tag mehr anschwoll, und auch andere Anzeichen deuteten auf eine baldige Geburt hin. Schorsch, der Almbauer, glaubte mir am Telefon nicht so recht, denn der Geburtstermin sei ja erst in mehr als vier Wochen. Ein paar Tage später sagte mir mein Gefühl aber, dass die Geburt nicht mehr so lange dauern würde. Schorsch kam auf die Alm, begutachtete das Tier und gab mir recht. Erklären konnte er sich das aber nicht.

Jeden Morgen führte mich mein Kontrollgang nun als Erstes zu Wuschl. Da sie die ganze Nacht draußen war, musste ich sie immer suchen, und ich merkte, dass sie sich täglich mehr von den anderen absetzte und oft allein unterwegs war. Auch so ein Zeichen.

Nach ein paar Tagen fuhr ich frühmorgens ins Tal zu einem Arzttermin, und Margit übernahm das Zählen meiner Rinder. Als ich gegen Mittag zurückkehrte, wartete Margit schon aufgeregt: Bei Wuschl ging's los! Die Kalbin hatte an einem steilen Hang mitten im Wald gestanden, als Margit sie am Vormittag endlich fand – und da schauten schon die Vorderläufe des Kälbchens heraus! Margit hatte die Kalbin in meinen Stall getrieben und war jetzt froh, dass sie nicht allein Hebamme spielen musste.

Wir informierten den Bauern, legten den Platz der Kuh mit viel Heu aus und versuchten, ruhig und entspannt zu bleiben. Normalerweise kalbt eine Kuh gut allein. Im Geheimen hoffte ich ja, dass Wuschl noch vor dem Eintreffen des Bauern ihren Nachwuchs auf die Welt bringen würde. Und so war es dann auch. In immer kürzeren Abständen kamen die Wehen, und dann war schon das Köpfchen zu sehen.

Wichtig ist, der Kuh Zeit zu geben, sie möglichst in Ruhe zu lassen und zu beobachten. Und wie ich Wuschl so zuschaute, schien sie ihre Sache sehr gut zu machen. Die innere Aufregung wich einem großen Vertrauen.

Nach einer Stunde war der kleine Stier geboren, er stand auf langen unsicheren Beinen an seine Mutter gelehnt und – schaute ihr überhaupt nicht ähnlich! Sein außerordentlich langhaariges Fell ließ im Bauern allerdings einen Verdacht aufkeimen: Sein Vater war vermutlich ein schottisches Hochlandrind, das im Tal auf der Wiese neben Wuschls Weide gegrast hatte. Als der Besamer in den Stall kam, war Wuschl wohl längst von ihrem heimlichen Liebhaber schwanger, der in einer Nacht-und-Nebel-Aktion über den Zaun gesprungen sein musste. Deshalb der zu frühe Geburtstermin!

Williams mit seinem hübschen Wuschelfell als einjähriger Jungochse auf der Alm.

Das Kälbchen wurde Williams getauft – die Namen der Kälber beginnen immer mit demselben Buchstaben wie die ihrer Mütter. Williams wird im nächsten Sommer als Ochse mit auf die Alm kommen. Sein Fell ist braun mit einer weißen Stirnblesse und Schwanzspitze. Die Stirn- und Kopfhaare werden immer länger und hängen ihm schon wie ein Vorhang über die Augen. Am ganzen Körper, besonders aber am Hals, ist sein Fell viel zottiger als bei der hier üblichen Fleckviehrasse. Manchmal besuche ich Williams und freue mich auf die nächste Almsaison mit ihm.

TRAURIGE ZWILLINGSGEBURT

Es gibt auch Tage, an denen ich mit einem sehr traurigen Herzen zu Bett gehe. Tage wie den, an dem meine Milchkuh verworfen hat – das heißt, ihre Kälbchen wurden tot geboren.

Kühe, die gemolken werden, sind gleichzeitig ja immer trächtig. Etwa sechs Wochen bevor sie kalben sollen, werden sie abgemolken. Das heißt, man stellt das Melken allmählich ein, damit sich die Kuh bis zur Geburt regenerieren kann. Zunächst melkt man sie nur noch einmal täglich, damit die Milchleistung zurückgeht, und dann gar nicht mehr.

Kuhgeburten auf der Alm sind selten, gehen aber meistens doch glücklich aus – wie hier, als in meinem zweiten Jahr auf der Krottenthaler Alm im September ein Kälbchen zur Welt kam.

Staserl, meine Milchkuh, hätte Mitte September kalben sollen. Am Tag nach dem letzten Melken ging ich um die Mittagszeit zu meinen Kalbinnen auf die Weide und sah schon von fern, dass mit der Kuh etwas nicht stimmte. Ihr Bauch war flach, und mir war sofort klar, dass sie verworfen hatte. Doch weit und breit kein Kalb.

Ich lief zur Hütte zurück und holte mir Verstärkung zum Suchen. Meine Mutter und Wast waren gerade zu Besuch und kamen mit, ebenso die Nachbaralmerin. So gingen wir systematisch das gesamte Almgebiet ab. Die beiden Geißen spürten, dass etwas nicht in Ordnung war, und wichen mir nicht von der Seite.

Es vergingen ein paar Stunden, bis wir Gewissheit hatten und die Kälber fanden: Es waren Zwillinge, und beide waren tot. Der Anblick der schönen toten Kälber erschütterte mich sehr. Mir tat die Kuh so leid, und die Tränen liefen mir übers Gesicht.

Sobald wir zurück auf der Alm waren, bekam Staserl Kraftfutter und Heu und durfte sich im Stall ausruhen. Körperlich schien es ihr gut zu gehen. Mit

Schorsch, dem Bauern, besprach ich, dass wir die Kuh noch zwei Tage auf der Alm lassen würden und sie erst danach mit dem Viehanhänger ins Tal gebracht würde. Mir tat es gut, sie noch bei mir zu haben.

Am nächsten Tag durfte sie zurück auf die Weide zum Grasen, und sie suchte immer wieder den Platz auf, an dem wir die Kälber gefunden hatten. Doch die beiden waren inzwischen weggebracht worden. Kühe können sichtbar trauern. Mich schmerzte es sehr mitanzusehen, wie Staserl an dem Ort der Geburt stand und sich suchend umschaute.

Gerade ist auf der Alm das Kälbchen geboren. Es wird im nächsten Jahr als einjähriges Jungtier wieder auf die Alm kommen.

Schorsch und Resi versuchten, mich zu trösten, und versicherten mir, dass ich keine Schuld an der Totgeburt hatte. Zwillingsgeburten sind auch bei Rindern zwar nicht selten, aber immer eine heikle Angelegenheit. Woran es lag, dass die Kälbchen nicht leben konnten, weiß man nicht. Staserl ging es im Tal dann wieder gut, wie mir die Bauersleute versicherten. Aber ich musste den Schmerz erst einmal verdauen.

ALMERINNENWECHSEL

Halbzeit auf der Alm. Ende Juli ist Almerinnenwechsel auf der Nachbaralm, denn Margit kann sich jedes Jahr nur sechs Wochen freinehmen. In meinem ersten Jahr auf der Krottenthaler Alm wurde sie noch von meiner Freundin und Namensvetterin Martina abgelöst. Im zweiten Jahr übernahm dann Micha, die Tochter des Winterpächters, erstmals die zweite Hälfte der Almsaison. Ich war gespannt auf die »Neue«, denn Micha kannte ich noch nicht.

Elke verbringt im Winter viel Zeit in Ligurien und geht auch dort ihrer Leidenschaft nach: gute Lebensmittel ernten, kochen, konservieren.

Nach kurzer Zeit schon stellten wir fest, dass wir einen guten Draht zueinander hatten und prima zusammenarbeiten konnten. Es ist immer wieder spannend, wie man an einem vermeintlich so abgeschiedenen Ort in den Bergen so unterschiedliche Menschen kennenlernt.

Einer dieser ganz besonderen Menschen ist auch Elke, der ich meine beiden Ziegen verdanke. Sie bewirtschaftet seit über zwanzig Jahren die Jägerbauernalm, eine Nachbaralm, nur etwa eine Stunde Fußmarsch entfernt.

Jetzt, gegen Ende der Almzeit, nachdem die Milchkuh abgemolken war und das Melken und die Milchverarbeitung wegfielen, hatte ich etwas Zeit für einen Besuch bei ihr. Von meiner Hütte aus wanderte ich in Richtung Nordosten über drei Gipfel rauf und runter, und unterwegs konnte ich meine Kalbinnen zählen. Es war eine wunderschöne Tour: Oben auf dem Grat schaute ich über die Schönfeldalmen bis zum Spitzingsee hinunter, und ganz hinten blitzte sogar der Schliersee im Sonnenlicht. Dann stieg ich ein paar Meter ab, weil die Alm beschützt in einem Kessel liegt – ein Vorteil, denn das Almgebiet ist dadurch schattiger und kühler und bietet länger ausreichend Vegetation fürs Almvieh. So kann Elke länger auf der Alm bleiben, obwohl ihre Alm noch höher liegt als meine.

Eine Tasse Kaffee, ein kurzer Ratsch, doch wir hatten beide zu tun – und nach drei Stunden war ich schon wieder zurück auf meiner Alm.

FUNKERL IST VERLETZT

Gegen Ende August, noch dazu, wenn es ein heißer, niederschlagsarmer Sommer ist, wird das Gras auf meiner Alm weniger, die sonnigen Weiden trocknen aus, und das harte Gestrüpp, das übrig ist, wird von den Rindern verschmäht. Meine Tiere suchen sich ihr Futter dann in Regionen, die sie am Anfang gemieden haben: vor allem immer steilere Hänge, die lange im Schatten liegen und deshalb noch saftiges grünes Gras zu bieten haben. Das Gelände ist dort abschüssig, von Felsen und Schotter durchzogen, das Gras teilweise sehr lang und bei Nässe extrem rutschig.

Micha und ich brauchten an manchen Tagen Stunden, um unsere Kälber aus den steilen Gebieten zu treiben. Und nicht selten trieben uns die Tiere an den Rand der Verzweiflung, wenn sie nicht im Geringsten daran interessiert waren, in Sicherheit gebracht zu werden, sondern im Gegenteil auf unsere Rufe hin sogar noch höher statt talwärts stiegen, um genüsslich weiterzugrasen. Das konnte bei unseren insgesamt 23 Kälbern im vergangenen Jahr zu einer gewaltigen Kraft- und Geduldsprobe werden. Mit allen Mitteln – locken mit dem Futterkübel, freundlich rufen, schreien und schimpfen, mit dem Almstock zu zweit antreiben – versuchten wir, sie nach unten zu bewegen. Keine Chance. Frische Almkräuter gehen für Kälber über alles. Aber spätestens, wenn es dunkel wurde, mussten sie unbedingt nach unten in den Stall. In solchen Situationen lagen die Nerven dann irgendwann blank, vor allem, wenn die körperliche Kraft durch das ständige Auf und Ab nachließ. Dann überkam mich oft ein Gefühl, das zwischen völliger Hoffnungslosigkeit und Wut schwankte. Obwohl ich das gar nicht wollte, denn die Kälber konnten ja nichts dafür. Gelegentlich ließ ich dann einen richtigen Urschrei los, der von den steilen Wänden in dem Felskessel widerhallte. Ich schrie, so laut ich konnte. So etwas war einzig auf der Alm möglich! Die Kälber schauten mich dann nur aus großen Augen fragend an, meine aufkommende Aggression war aber erst einmal weg. Und irgendwann bewegten sich die Tiere auch ganz langsam in Richtung Alm. Alles war gut.

Micha und ich setzten uns schließlich nach getaner Stallarbeit mit einem Weißbier vor die Hütte und konnten über unsere Gefühlsausbrüche bald schon wieder lachen.

Nach dem Almauftrieb bilden sich Grüppchen unter den Tieren, die meist die gesamte Almzeit über zusammenbleiben.

Je später der Sommer, desto ernster wurde es mit der Trockenheit auf den Weiden. Und eines Abends sah Franz, der mit seinem Fernglas eigentlich eine Gämse beobachten wollte, eines meiner Kälber im Steilhang stehen. Es dämmerte schon, und ich ging sofort mit Bergschuhen und Stock in der Hand los. Vor dem Kalb lag ein steiles Geröllfeld, und oberhalb standen die beiden Gefährten des Tieres, zu denen es unbedingt hinaufsteigen wollte. Alle Versuche, das Tier nach unten zu treiben, bewirkten genau das Gegenteil: Es stieg höher und höher. Meine lauten Rufe alarmierten Franz, der es schließlich

Die Kälber verbringen ihren ersten Sommer in der rauen Natur und müssen noch viel lernen. Deshalb dürfen sie nachts im Stall schlafen.

schaffte, die beiden anderen Kälber nach unten auf den Steig zur Hütte zu treiben. Es war schon vollständig dunkel, als sich mein Kalb endlich entschloss, seinen Freunden zu folgen, sodass wir schließlich alle drei in Sicherheit wussten.

Als ich tags darauf die Kälber für die Nacht in den Stall holte, fand ich mein kleinstes Kalb Funkerl in einem erbarmungswürdigen Zustand vor. Das rechte Auge stark geschwollen, am unteren Augenlid blutverkrustet und am Maul blutende Abschürfungen – es war offenbar vor Kurzem abgestürzt. Gott sei Dank schien weiter nichts passiert zu sein, doch sein ängstlicher Blick sprach Bände. Es war immer noch sehr erschrocken und sichtlich froh, mich zu sehen. Ich legte meine Hand beruhigend auf seinen Rücken, und so ließ es sich geduldig bis zur Alm führen. Die anderen Kälber trotteten allesamt brav hinterher. Im Stall bekam Funkerle eine extragroße Portion Kraftfutter, außerdem Arnika-Globuli und Aconitum, das ihm den Schock aus den Gliedern nehmen sollte. Das Auge versorgte ich mit Rotöl, das ich im Jahr zuvor auf der Alm angesetzt hatte. Hier wächst viel Johanniskraut rund um die Alm, von dem ich Blüten, Knospen und Blätter mit Olivenöl ansetze und in der Sonne ausziehen lasse. Funkerl ließ die Behandlung ganz ruhig über sich ergehen. Ich wärmte eine Portion Öl in meiner Hand und rieb die zarte Haut rund um das Auge vorsichtig damit ein. Es brennt nicht, nimmt den Spannungsschmerz und bringt schnell Heilung.

HOMÖOPATHIE AUF DER ALM

Für Mensch und Tier haben sich auf der Alm homöopathische Anwendungen immer wieder bewährt. Auch meine Almbäuerin von der Krottenthaler Alm arbeitet seit vielen Jahren im Stall mit Globuli-Lösungen, und der Erfolg gibt ihr recht.

Man gibt 4 bis 5 Globuli in eine mit 100 ml Wasser gefüllte Sprühflasche. Dann besprüht man das feuchte Maul der Tiere mit etwa 3 Hüben. Wichtig ist, auf die Schleimhäute zu sprühen und nicht auf die ledrige Oberhaut. Die Lösung ist etwa fünf Tage haltbar, durch Zugabe von 20 ml 40-prozentigem Schnaps ein halbes Jahr.

Ich wende vor allem die folgenden vier Wirkstoffe an. Für jedes Mittel habe ich immer eine eigene Sprühflasche parat, damit es im Ernstfall sofort einsatzbereit ist. Bei Tieren hat sich die Potenz C200 sehr bewährt, es wird aber oft auch mit der Potenz C30 gearbeitet:

- Aconitum C30/C200 (Blauer Eisenhut): bei plötzlichem Krankheitsbeginn, Schockzuständen, bei Umstallungen, beim Almauftrieb.
- Arnica C30/C200 (Arnika): nach Verletzungen, Überbeanspruchung und Muskelkater nach dem Almauftrieb.
- Arsenicum album C30/C200 (Weißes Arsenik): bei den häufig zu Beginn der Almzeit auftretenden Kälberdurchfällen, wenn die Tiere noch nicht an das frische Gras gewöhnt sind.
- Ledum C30/C200 (Sumpfporst): bei Insektenstichen, auch zur Vorbeugung gegen Bisse von Ross- und Kreuzbremsen, Zeckenbisse, generell Tierbissverletzungen.

Der Blaue Eisenhut wächst im Almgebiet.

ABSTURZ ZU DRITT

Kurz darauf brauchte ich selbst Johanniskrautöl, und zwar nicht zu knapp. Wieder einmal kletterte ich meinen waghalsigen Kälbern nach und trieb sie talwärts. Nur eines lief in die falsche Richtung weiter bergauf und hatte sich schließlich hoffnungslos auf einen Felsabsatz verstiegen. Ich versuchte sofort, auf allen vieren krabbelnd, ihm den Weg abzuschneiden, und sah, dass das Kalb nur eine Chance hatte: Es musste zwei, drei Meter durch steilen Bergwald nach oben auf eine flache Stelle springen und keinesfalls nach unten, wo es über eine scharfe Abbruchkante viele Meter nach unten ging.

Meine Almnachbarin ging Gott sei Dank sofort an ihr Handy, als ich sie anrief, und ich bat sie, mit ein paar Stricken zu mir hochzukommen. Mein Almbauer hatte sich außerdem zum Kaffee angekündigt, würde in einer halben Stunde eintreffen und uns notfalls unterstützen.

Wir fixierten also einen Strick wie ein Halfter um den Kopf des Kalbes, Micha stand oberhalb und zog, während ich von unten schob in der Hoffnung, dass das Kalb einen Satz nach oben machen würde und in Sicherheit wäre. Es bewegte sich keinen Zentimeter. So warteten wir auf das Eintreffen des Bauern – ich hinter dem Kalb und Micha oben mit dem Strick in der Hand, das Kalb geduldig in der Mitte. Als Schorsch und Resi endlich an der Hütte eintrafen und auf unser Rufen hin angelaufen kamen, standen wir schon eine Stunde so auf dem Felsvorsprung.

Wir beschlossen, dass Schorsch und Micha zu zweit ziehen und Resi und ich schieben sollten. Schorsch legte den Strick zur Sicherheit um eine kleine Fichte, um mittels Umlenkung noch mehr Zugkraft zu haben. Und – los! Das Kalb machte tatsächlich einen großen Satz nach oben, rutschte aber kurz vor dem Ziel mit dem Hin-

Johanniskrautblüten werden in gutem Öl an der Sonne ausgezogen und geben ihren roten Farbstoff ab, weshalb das Heilöl auch Rotöl heißt.

terfuß ab und hing hilflos mit dem Hals im Strick über der Felskante. Das enorme Gewicht entwurzelte die Fichte, um die der Strick gelenkt war, und dann ging es in Sekundenschnelle für uns alle bergab. Resi und ich bekamen gerade noch irgendwelche Wurzeln zu fassen und hielten uns fest, während Schorsch mit Kalb und Geröll nach unten stürzte. Meine rechte Hand umklammerte panisch den Strick, und ich konnte einfach nicht loslassen, dabei fiel ich so ungünstig nach vorn, dass das Seil auch noch diagonal über meinen Rücken schrammte.

Aus Arnikablüten stelle ich eine Tinktur her, die bei Gelenkbeschwerden hilft.

In der ersten Sekunde sprachlos vor Schreck riefen wir dann laut nach Schorsch und bekamen gleich Entwarnung von unten. Als wir die Felsen zu ihm hinuntergestiegen waren, hatten er und das Kalb sich schon hochgerappelt. Und während sich das Kalb scheinbar unbeeindruckt trollte und wieder zu seinen Freunden gesellte, untersuchten Schorsch und ich unsere Wunden. Wir hatten beide einen mächtigen Schutzengel gehabt – Schorsch kam mit Prellungen und vielen blauen Flecken davon, mir hatte der reißende Strick tiefe Fleischwunden in die rechte Handfläche und über den Rücken eingebrannt.

Zurück in der Hütte bekam – in dieser Reihenfolge – erst jeder einen Schnaps, dann Arnika-Globuli, dann Kaffee und Kuchen, und zum Schluss gab ich eine Runde Johanniskrautöl aus. Inzwischen erinnern nur noch schwach sichtbare Narben an diesen glimpflich verlaufenen Absturz.

Ein Schlachtfest wie früher

Der Almsommer neigte sich dem Ende zu, und für mich bedeutete das wieder einmal, Abschied zu nehmen. Und zwar nicht nur von der Alm und meiner großen Rinderherde, sondern diesmal auch von meinen Schweinen.

Von Anfang an war ja klar gewesen, dass sie am Ende der Almzeit geschlachtet würden, um uns und die Bauernfamilie mit Fleisch und Wurst für den Winter zu versorgen. Normalerweise werden Almschweine heutzutage im Herbst mit dem Anhänger ins Tal gefahren und dort dann von einem Metzger geschlachtet. Resi und ich hatten jedoch im Sommer viel Zeit damit verbracht, einen anderen Plan auszuhecken: Wir wollten ein richtig großes Schlachtfest veranstalten, so wie früher, als traditionell der Metzger auf die Alm kam, um an Ort und Stelle zu schlachten. Das würden wir gern organisieren – zur Feier unserer ersten Almsauen. Gleichzeitig ersparten wir unseren Tieren damit den Stress des Transportes.

Unser guter Dorfmetzger, den wir fragten, winkte ab. Er schlachtet nur in seinem eigenen Schlachtraum. Auf einer Alm ohne Strom, ohne die nötigen Gerätschaften, das war ihm zu umständlich. Doch Schorsch hatte schon einen Spezialisten für solche Fälle im Auge: den Hennahias.

DER HENNAHIAS

Der Hias hat wohl auch einen Nachnamen, aber den weiß ich bis heute nicht. Kennengelernt hatte ich ihn schon zu Beginn des Sommers. Da kam ein Wanderer sehr früh, um sechs Uhr, den Weg vom Tal dahermarschiert mit einer Kraxe auf dem Buckel wie auf einem Foto aus vergangener Zeit. Auf die Holzkraxe hatte er einen Käfig mit vier braunen Hennen gebunden. So war irgendwann auch sein Spitzname entstanden: Der Hias brachte nämlich Hühner auf die Almen zu den Sennerinnen, und diese hatte meine Almnachbarin bestellt. Er war so zeitig unterwegs, weil er um zehn Uhr schon wieder einen Termin im Tal hatte. Das nenne ich Einsatz: Er musste schon vor vier Uhr früh aufgestanden sein, denn bis zu unserer Alm marschiert man aus dem Tal zweieinhalb Stunden lang. Der Hias ist eigentlich Maurer, aber er geht gern in die Berge und hat eine Leidenschaft für Schweine. Auch bei sich zu Hause hält er sich Sauen, die er selber schlachtet und weiterverarbeitet.

Schorsch behauptete, der Hias mache die besten Blut- und Leberwürste und den besten Presssack weit und breit. Und er sei bereit, das auch bei uns auf der Alm zu tun. Wir müssten aber einen Metzger organisieren, der das Töten des Tieres übernehme, denn dafür sei er nicht ausgebildet. Außerdem sei es für einen allein zu viel Arbeit, das Fleisch von zwei Sauen zu verarbeiten. Die Gerätschaften für die Schlachtung würde er aber alle mitbringen: einen großen, mit Holz zu beheizenden Brühkessel und eine riesige Wanne – so groß, dass ein ganzes Schwein hineinpasst –, einen großen Arbeitstisch, einen extragroßen Fleischwolf, Naturdärme für die Würste, einen Wurstabfüller, viele Messer, Schnüre, Gewürze, Gemüse für das Kesselfleisch und so weiter.

Aus der Leber würden Leberwürste gemacht, aus dem Blut Blutwürste. Zusätzlich mache er zwei Sorten Presssack, einen weißen und einen roten. Aus dem Bauchfleisch würde für die anschließende Feier noch Kesselfleisch zubereitet, dazu reiche man selbst gebackenes Brot, Sauerkraut und scharfen Senf. Der Rest der Schweinehälften würde dann im Tal zerteilt und portioniert. Schnitzel und Braten, Halsgrat und Koteletts unserer beiden Sauen wollten Resi und ich fifty-fifty unter uns aufteilen.

Schorsch besorgte noch ein Notstromaggregat, denn Hias empfahl uns, die Schweine mit Strom zu töten. Dazu wird dem Tier eine Zange an den

Nach dem Schlachten braucht es viele helfende Hände, die beim Schneiden der Zutaten für Wurst und Presssack helfen.

Kopf gelegt, die dann unter Strom gesetzt wird. Die Betäubung tritt sofort, völlig geräuschlos und schmerzlos für das Tier ein. Die andere Möglichkeit wäre ein Bolzenschussapparat, der aber eine enorme Unruhe unter den Tieren auslösen würde. Das hörte sich für mich plausibel an, denn nichts lag mir mehr am Herzen, als den Tieren einen möglichst schnellen Tod zu ermöglichen, von dem sie vorher nichts ahnten und dann nichts spürten. Ich hatte in den Almmonaten eine innige Beziehung zu meinen Tieren aufgebaut und wollte, dass sie bis zur letzten Sekunde ein glückliches Leben führen dürfen.

Der Hennahias hat langjährige Erfahrung mit dem Schlachten nach alter Tradition.

ALLES BEREIT ZUR SCHLACHTUNG

Am Samstag vor dem Almabtrieb gingen wir ans Werk: der Hias, ein Metzger, die Almbauern, Franz und ich. Um sieben Uhr in der Früh kam Hias mit dem Metzger und allen Utensilien angefahren. Er hatte mich vorher instruiert, dass er vor allem sehr viel sehr heißes Wasser brauche. Ich beeilte mich also, um mit der Stallarbeit schon um sieben Uhr fertig zu sein. Auf meinem Holzofen in der Hütte standen bereits dicht an dicht alle verfügbaren Töpfe mit kochend heißem Wasser bereit. Denn ab der Schlachtung musste alles sehr zügig gehen.

Es handelte sich hier um eine Warmschlachtung, bei der alles in einer bestimmten Zeit verarbeitet sein sollte. Dadurch verbindet sich das Fett des Schweines gut mit dem Wasseranteil, der für die Würste nötig ist, und man muss keine Emulgatoren und Zusatzstoffe zugeben, um die optimale Konsistenz zu erhalten. Auch Geschmacksverstärker sind dafür absolut unnötig, weil sich bei der Warmschlachtung die Gewürze mit dem Fleisch so gut verbinden, dass keine der sonst üblichen Zusatzstoffe gebraucht werden. Ich hatte das schon von vielen großen Biobetrieben gehört, die ebenfalls so verfahren. Und früher wurde ja auch nicht anders gearbeitet.

Hias heizte seinen mobilen holzbetriebenen Brühkessel an. Hinter der Alm wurde ein großer Holztisch aufgebaut, alle Gerätschaften standen bereit, und dann ging es los.

Dass Max und Otto, meine Königsschweine, so zutraulich waren, erleichterte die Sache immens. Neugierig streiften sie während unserer Vorbereitungen immer wieder um unsere Beine, um alles auszukundschaften.

Früh am Morgen, als wir mit ihnen noch allein waren, hatten Franz und ich uns von ihnen verabschiedet. Ich bedankte mich bei ihnen, dass sie uns so viel Freude bereitet hatten, und umarmte sie ein letztes Mal. Das Abschiednehmen tat weh, die Tränen liefen in Strömen, und dennoch war mir dieses Ritual sehr wichtig. So konnte ich mit den Tieren abschließen, und es fühlte sich für mich gut und richtig an. Als die Schlachtung dann vonstattenging, konnte ich mit dabei sein und empfand keinen Schmerz und keine Trauer mehr in meinem Herzen. Die Schweine hatten ein wunderschönes Leben gehabt, so wie man es sich für jedes Tier nur wünschen kann. Sie konnten den ganzen Tag tun und lassen, was sie wollten, bekamen reichlich Leckerbissen zu fressen, viel Liebe und Aufmerksamkeit. Sie wurden nie eingesperrt und hatten sogar ein eigenes Schweinehaus, in dem sie sich sehr wohlfühlten. Sie hatten es einfach saugut gehabt.

Die Schlachtung lief ganz ruhig ab, die Tiere fühlten keinen Stress und litten keine Schmerzen. Nach der Betäubung stach der Metzger dem Tier mit einem Messer in den Hals, und das Blut wurde in einer Schüssel aufgefangen. Anschließend musste das Blut vorsichtig und kontinuierlich gerührt werden, damit es nicht stockte. Ich hatte mir vorher nicht vorstellen können, wie interessant diese Prozedur war. Mir grauste es erstaunlicherweise vor nichts. Das Blut war schön anzusehen, leuchtend rot, der Lebenssaft der Tiere.

Aus mir wird zwar keine begeisterte Blutwurstesserin mehr werden, aber die Zubereitung war spannend. Ehrlich gesagt habe ich an diesem Tag meine ersten Blut- und Leberwürste und auch den ersten Presssack gegessen, für eine Bayerin vom Land sicher ungewöhnlich. Aber ich hatte vorher nie das Bedürfnis gehabt. Die von meinen eigenen Schweinen wollte ich aber doch probieren.

Das frische Schweineblut muss ständig gerührt und dann zügig zu Blutwurst verarbeitet werden, damit es nicht vorzeitig stockt.

BLUTWURST, PRESSSACK, KESSELFLEISCH

Sobald der junge Metzgermeister die Tiere getötet hatte, trat der Hias in Aktion. Jedes Tier musste nun in der großen Wanne gebrüht, also mit kochend heißem Wasser übergossen und mit pulverisiertem Tannenharz

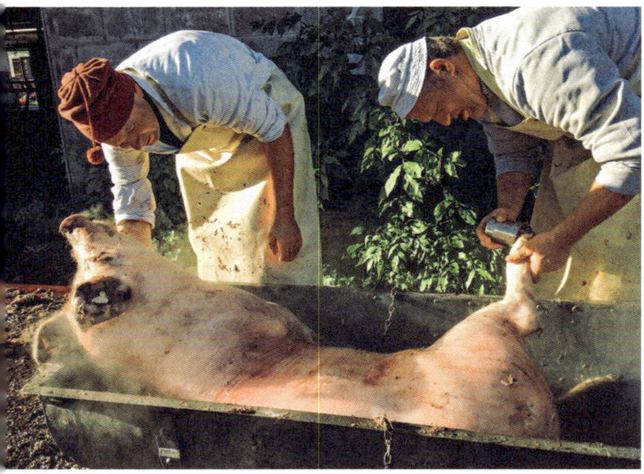

Harte Arbeit für zwei kräftige Männer: Die frisch geschlachtete Sau wird zunächst in heißem Wasser von Schmutz und Borsten befreit.

bestreut werden, damit sich die Borsten von der Haut lösten – eine anstrengende, schweißtreibende Tätigkeit für die beiden Männer. Mit speziellen Werkzeugen schabten sie dann die Borsten fein säuberlich ab. Anschließend hängten sie das Tier an einem Haken am Frontlader des Traktors auf und brachen es auf. Das heißt, sie schnitten den Bauch auf, holten alle Organe heraus und gaben Bauchfleisch, Kopf, Herz und Lunge in den Brühkessel für das Kesselfleisch.

Den Kessel hatte Hias ja schon gleich nach seiner Ankunft eingeheizt, denn es musste alles bereit und das Wasser für die Brühe kochend sein, sobald die Schlachtung begann. Eine prima Konstruktion war dieser Brühkessel mit seinem Holzöfchen und dem Kamin, aus dem es qualmte und rauchte. Etwas windschief stand er hinter der Almhütte – und daneben Hias mit langer weißer Metzgerschürze zu Gummistiefeln und weißem Käppi wie früher, mit erhitztem Gesicht und großem blitzendem Metzgermesser in der Hand.

Ich half, Zwiebeln und Knoblauch zu schneiden, die dann, nachdem ich sie auf dem Herd in Butter angeschwitzt hatte, den Leberwürsten beigemengt wurden. In die Würste kamen außer Blut und Leber auch noch das gegarte, durch den Fleischwolf gedrehte Bauchfleisch. Ein paar Handvoll Gewürze dazu – der Hias machte das alles nach Gefühl –, dann wurde die Masse mit einem Wurstabfüller in Naturdärme gepresst und mit einem Faden portioniert. Die Blutwürste mussten einzeln mit der Schöpfkelle abgefüllt und abgebunden werden, die flüssige Blutfüllung stockte ja erst durch das anschließende Kochen der Würste.

Was sich so einfach anhört, war schwere Arbeit für zwei Männer, die zwei Sauen verarbeiten mussten. Die weißen Schürzen der beiden färbten sich um den Bauch immer röter vom Blut, und helfende Hände zum Zwiebelschneiden, Fleischauslösen und Blutrühren waren hochwillkommen.

ZUM ABSCHIED EIN FEST

In der Almküche ist beim Schlachtfest jede Hilfe willkommen: Hier muss unter anderem Sauerkraut für vierzig Leute gekocht werden.

Ab Mittag trafen die ersten geladenen Gäste ein: Bauern, Jäger, Nachbaralmerinnen, meine Familie und Freunde. Alle in Tracht und gut gelaunt, denn ein Schlachtfest auf der Alm gibt es heute nicht mehr oft. Das Fleisch garte schon im Brühkessel, und ein intensiver Geruch nach gekochtem Schweinefleisch und dem Sauerkraut, das bei mir auf dem Herd stand, zog um die Hütte. Meine Tanzlmusi, bei der ich sonst als Flügelhornistin mitspiele, war gekommen und spielte auf. Heute mussten sie jedoch auf mich verzichten, denn ich war ununterbrochen am Laufen: Fleisch und Kraut, selbst gebackenes Brot und Bier für alle, die sich auf der kleinen Terrasse vor der Almhütte drängten, Servietten und Besteck, Senf und Meerrettich und immer wieder frisches Geschirr für neue Gäste. Abspülen mussten wir ja von Hand mit Wasser, das wir auf dem Herd erwärmt hatten. Doch auch ich hatte viele helfende Hände, allein war das nicht zu schaffen. Margit hatte ebenfalls Brot gebacken, und der Jäger spendierte ein Fass Bier.

Über vierzig Leute waren gekommen, die Sonne schien, es war ein warmer Herbsttag. Vor der Hütte wurde gefeiert und hinter der Hütte gewurstet, dass der Arbeitstisch überquoll von Schüsseln mit Blut, Säcken mit Salz und Gewürzen, Fleischstücken, Schneidebrettern und extrascharfen Profimessern. Für den Presssack wurde der gekochte Schweinskopf ausgelöst, ein Teil des

Familie, Freunde, die Nachbarn und Musik – ein traditionelles Schlachtfest auf der Alm ist auch ein Fest des Dankens und des Abschieds am Ende der Almzeit.

Bauchfleischs und die Schwarten wurden klein geschnitten, mit Brühe und Gewürzen abgeschmeckt und in Därme gefüllt. Für den roten Presssack fügte der Metzger noch etwas Blut dazu. Die riesigen Würste lagerten sie dann in der Zwischenzeit gut gekühlt im Wassertrog hinter der Almhütte.

Es wurde Nachmittag, bis die beiden Männer endlich in Ruhe ihr wohlverdientes Bier genießen konnten. Bis in den Abend hinein dauerte unser Fest – mein erstes Schlachtfest! So hatten wir den Abschied von meinen Sauen einen Tag lang gebührend gefeiert.

JETZT DOCH: ZIEGENBRATEN

Den ganzen Sommer über wurde ich immer wieder darauf angesprochen, was ich nach der Almzeit mit den Ziegen machen würde.

»Ich gebe sie der Elke zurück, und die schlachtet sie dann«, antwortete ich wahrheitsgemäß. Denn so war es ja geplant.

Entsetzen in den Gesichtern: »So wie du mit denen umgehst und wie die auf dich fixiert sind, kannst du sie doch unmöglich umbringen!?«

Alle Freunde ausnahmslos versuchten, die Ziegen zu retten. Ich solle sie kastrieren lassen und über den Winter irgendwo im Tal zu einer Ziegenherde geben oder sie bei uns im Obstgarten einzäunen. Schließlich war ich selbst davon überzeugt, dass ich sie behalten möchte. Elke hatte sogar angeboten, mir die Ziegen zu überlassen: Ich könne allein entscheiden, was mit ihnen geschehen solle. Von dem ganzen Hin und Her völlig verwirrt beschloss ich, mir fachlichen Rat zu holen.

Ich marschierte mit Peterl und Pauli eine gute Stunde auf die Maxlrainerhütte, eine weiter entfernte Nachbaralm, wo Jürgen, der absolute Ziegenexperte, seine wunderschönen Thüringer Waldziegen hielt. Wir unterhielten uns lange, und Jürgen begutachtete meine Goaßn.

Er meinte, die Ziegen seien für eine unblutige Kastration jetzt zu alt. Weil sie ja für die Schlachtung vorgesehen waren, hatte man sie nicht als junge Böckerl kastriert. Unkastrierte Ziegenböcke aber werden bockig, wenn sie älter sind, und vor allem stinken sie fürchterlich – wie ein sprichwörtlicher alter Bock. Die Ziegen jetzt über den Winter irgendwo unterzubringen, fuhr Jürgen fort, wäre viel Aufwand, doch wer würde nächstes Jahr zwei grantige Ziegenböcke nehmen? Nach der langen Trennung wäre es mit der engen Beziehung zwischen ihnen und mir vorbei. Falls ich nächstes Jahr wieder Ziegen auf der Alm halten wolle, solle ich mir doch im Frühjahr zwei junge Kitzlein aussuchen.

»Jetzt gehst heim, machst a Flaschn Wein auf und überlegst dir das. Dann trinkst noch mal einen Schoppen und entscheidest, sie in den Himmel gehen zu lassen.«

Obwohl ich sicher war, dass er recht hatte und es ein ehrlicher, guter Rat war, liefen mir den ganzen Weg zurück die Tränen übers Gesicht. Eine gute

Stunde lang kreisten meine Gedanken, und ich erwog das Für und Wider, aber auf der Alm angekommen stand mein Entschluss fest. Ich würde meine lieben Ziegen noch auf der Alm schlachten lassen.

Egal, welche Alternative ich den Ziegen im Tal bieten könnte, so ein Paradies wie auf der Alm könnte es nie sein. Alles, was danach käme, wäre für sie wie ein Gefängnis. Natürlich haben wir einen riesengroßen Obstgarten, aber wenn wir sie dort einzäunten, bedeutete das für die freiheitsliebenden Geißen doch eine arge Begrenzung. Und, fast noch wichtiger, ich hätte über den Winter keine Zeit für sie, was sie aber auf der Alm gewohnt waren.

Wenn ich Tiere halte, habe ich beschlossen, muss ich bis zuletzt die Verantwortung für sie übernehmen. Meine Geißen waren für mich die absoluten Lichtbringer, und sie haben – wie die Sauen – viel Liebe und Zuwendung von mir bekommen. Sie hatten ein wunderschönes Leben, und deshalb kann ich auch ihr Fleisch mit gutem Gewissen essen. Viele verstehen das nicht, und ich habe volles Verständnis dafür, denn diese Einstellung musste auch in mir monatelang reifen.

Falko, ein sehr guter Freund, Jäger und guter Schütze, tötete die Ziegen mit einem Kleinkaliber. Ich war dabei und sah, dass sie nichts mitbekamen. Sie waren bis zur letzten Minute vergnügt und hatten keine Sekunde lang Angst. Das würden wir uns doch alle für die Tiere wünschen, die für das Stück Fleisch auf unserem Teller sterben mussten. Von Fleisch, das wir im Supermarkt kaufen, an der Würstelbude oder im Wirtshaus, kann man das nicht unbedingt behaupten. Und wenn ich wieder einmal zu hören bekomme: »Wie kannst du nur das Fleisch von deinen süßen Ziegen essen?«, dann frage ich zurück: »Wie könnt ihr euch ein Schnitzel holen, wenn ihr nicht wisst, wie dieses Tier gelebt hat?«

Falko hat die Ziegen dann noch aufgebrochen und ausgenommen. Das Fleisch hat Franz portioniert und eingefroren, Leber und Herz haben wir gleich zubereitet und gegessen, die übrigen Innereien brachte ich in den Wald an eine Stelle, wo der Fuchs gelegentlich vorbeikommt. Dort legte ich die Leckerbissen in einer Felsspalte ab. Der Fuchs riecht das auf große Entfernung, und tatsächlich war am nächsten Tag nichts mehr davon übrig. Die schönen weißen Felle meiner Ziegen haben wir gerben lassen, sie liegen jetzt auf zwei Holzbänken in unserem Haus und erfreuen mich jeden Tag.

PHILOSOPHIEREN ÜBERS FLEISCHESSEN

Eine Frage beschäftigt mich immer noch: Warum können es sich so viele Menschen nicht vorstellen, Tiere, zu denen sie eine Beziehung aufgebaut haben, zu schlachten und zu essen, während sie gleichzeitig nichts dabei finden, im Gasthaus Fleisch zu bestellen, im Supermarkt Fleisch zu kaufen, von dem sie nicht wissen, woher es kommt?

Die meisten machen einen großen Unterschied zwischen Nutz- und Haustieren. Nutztiere werden zur Zucht und für das tägliche Stück Fleisch gehalten. Der Verbraucher hat zu ihnen keine emotionale Beziehung und verdrängt gern, wie das Tier wohl gelebt hat und wie es gestorben ist. Bei einem Haustier ist das schon anders, die wenigsten können sich vorstellen, es einmal zu verspeisen. Warum nur? Ist das Tier aus Massentierhaltung, das ich nicht gekannt habe, weniger wert? Ich finde es leichter, ein Tier zu essen, von dem ich weiß, dass es ein wunderschönes Leben hatte bis zur letzten Minute.

Natürlich ist solches Fleisch teurer als »konventionelles«. Aber ich esse ja höchstens ein- bis zweimal in der Woche Fleisch. Wenn wir das alle machen würden, dann könnten wir uns auch alle ein richtig gutes Stück Fleisch leisten von einem Tier, das nicht gelitten hat – weder im Leben, noch im Tod.

Heute wird eine Sau drei Monate nach der Geburt geschlachtet, und das unter extremem Stress. Wir essen dann auch die Stresshormone mit. Meine Sauen konnten grasen und wühlen, sie bekamen gutes Getreide, Kartoffeln und reichlich Eiweiß durch die Käsemolke. Zusammen mit den Kräutern auf der Alm und der vielen Bewegung sorgt das dafür, dass ihr Fleisch fester und besser strukturiert ist. Sein Fettgehalt ist zudem sehr gering, zeichnet sich aber durch lebensnotwendige Omega-3-Fettsäuren aus, die im konventionellen Schweinefleisch fehlen.

Die sorgfältige Haltung macht sich natürlich auch finanziell bemerkbar. So ein kleines Bioferkel kostet gut das Doppelte wie ein konventionelles Schwein. Wenn man das Futter, die Schlachtung, die Metzger und den Aufwand, den wir betrieben haben, dazurechnet, wird das Stück Fleisch auch preislich zu einer Delikatesse. Von meinen Arbeitsstunden ganz abgesehen. Da gehört natürlich Idealismus dazu.

Ich sehe das so: Die Schweine bringen mir vier Monate lang viel Freude, und ich habe genug Helfer, sodass ich die Arbeit ganz gut hinkriege. Nach der Schlachtung haben wir so viel Fleisch und Würste – im Winter verarbeitet Franz einen Teil davon auch noch sorgfältig zu bestem Räucherfleisch –, dass wir fast das ganze Jahr über weder Fleisch noch Wurst kaufen. Denn von diesen hervorragenden Naturprodukten braucht man keine großen Mengen zu essen. Man zelebriert den Genuss kleiner Portionen und ist satt und zufrieden. Das wäre meiner Meinung nach unsere Zukunft – und ganz nebenbei schont das den Geldbeutel und kommt der Figur und der Gesundheit zugute.

Mein

REZEPT

Kurkuma-Baguette

Dieses Rezept habe ich von einem alten Bäckermeister bekommen. In einem kleinen privaten Brotbackkurs waren wir alle begeistert von diesem saftigen Baguette. Das Geheimnis ist das Kochstück! Damit wird das Baguette innen weich und saftig und bekommt außen eine schöne Kruste.

Ich habe das Rezept für mich noch etwas abgewandelt und verschiedene Gewürze ausprobiert. Besonders gut gefällt mir diese Version mit Kurkuma, weil das leuchtend gelbe Brot besonders würzig schmeckt und hervorragend zum Almkäse oder als Begleitung eines herzhaften Essens passt. Ich backe es gern zu Festen auf der Alm wie etwa dem Schlachtfest oder zum Almabtrieb.

Weil ich auf der Alm keinen frischen Sauerteig habe, verwende ich dort Sauerteigextrakt. Wer frischen hat, nimmt natürlich diesen.

Für 8 bis 12 kleine Baguettes:

Für das Kochstück:

100 g Dinkelmehl (Type 630)

Für den Teig:

700 g Dinkelmehl (Type 630)

100 g Roggenmehl (Type 990)

½ TL Schabzigerklee

½ TL Sauerteigextrakt oder frischer Sauerteig

½ Würfel Hefe (21 g) oder 1 Pck. Trockenhefe

1 TL gemahlene Kurkuma

1 EL Steinsalz (15 g)

1 Am Vorabend das Kochstück zubereiten. Dafür das Dinkelmehl in einen Topf geben und mit dem Schneebesen nach und nach 500 ml kaltes Wasser darunterrühren. Es sollen keine Klümpchen entstehen. Die Mischung erhitzen, unter ständigem Rühren 3 Minuten köcheln lassen und dann vom Herd nehmen. Auf das Kochstück ein Blatt Frischhaltefolie oder einen Teller legen, damit sich keine Haut bildet. Über Nacht vollständig erkalten lassen.

2 Am nächsten Tag das Kochstück mit allen restlichen Zutaten und 400 ml Wasser zu einem elastischen Hefeteig kneten und zugedeckt 3 Stunden an einem warmen Ort gehen lassen. Man kann den Teig auch länger gehen lassen, dann muss man ihn aber kühl stellen. Eine längere Teigführung (so nennt man das längere Gehenlassen des Teiges) führt zu einem besseren Ergebnis, das Brot wird dann auch leichter verträglich.

3 In den 3 Stunden Gehzeit den Teig stündlich mit einer Teigkarte zusammenstoßen. Dadurch wird die Krume feiner und das Baguette nicht so großporig.

4 Den Backofen auf 250 °C (Ober-/Unterhitze) vorheizen, eine kleine Schale mit Wasser auf den Boden des Backofens stellen und das Backblech im Ofen miterhitzen.

5 Aus dem Teig etwa 8 bis 12 kleine Baguettes formen, sofort auf das mit Backpapier belegte heiße Backblech legen und das Blech in den Ofen schieben. Das heiße Blech bewirkt, dass das Brot an der Unterseite sofort eine Kruste bildet und gut aufgeht, ohne zu zerlaufen.

6 Die Baguettes je nach Dicke 20 bis 35 Minuten backen. Nach 15 Minuten Backzeit die Temperatur auf 200 °C reduzieren.

◆ Ich liebe dünne, knusprige Baguettestangen, Franz mag gern etwas dickere, klassische Baguettes. Je nachdem, ob man die Stangen dünn oder dick, lang oder kurz formt, werden es entsprechend mehr oder weniger Stück.

Tipp: Wenn man den Teig über Nacht gehen lässt, kann man am Morgen schnell frisches Frühstücksbrot backen. Ich mache meist sehr kleine Semmeln, die wir lieber mögen als die großen.

Dafür den Teig am Morgen zu langen Rollen formen und mit der Teigkarte kleine Portionen abstechen. Diese auf das heiße Blech legen und bei 230 °C in etwa 15 Minuten goldgelb backen.

Mein

REZEPT

Herzhaftes Kraftbrot

Mein Kraftbrot schmeckt köstlich mit frischer Butter, passt aber auch zu allen deftigen Aufstrichen oder als Beilage zu kräftigen Fleisch- und Gemüsegerichten. Ich backe es gern auf der Alm, etwa zum Schlachtfest – perfekt zu Sauerkraut und Kesselfleisch.

Für 2 Brote à ca. 1 kg:

2 EL Flohsamenschalen

400 g Dinkelvollkornmehl

400 g Roggenmehl (Type 990)

100 g mittelfeiner Haferschrot

nach Belieben 100 g Edelkastanienmehl

je 2 EL Hanfsamen, Kürbiskerne, Sonnenblumenkerne, Sesamsaat, gemahlene Mariendistelsamen und Brennnesselsamen

1 EL Sauerteigextrakt oder frischer Sauerteig

je 1 TL Brotgewürz, Schabzigerklee und gemahlene Kurkuma

½ Würfel Hefe (21 g) oder 1 Pck. Trockenhefe

1 TL Honig

1½ EL Salz (20 g)

Mehl für die Arbeitsfläche

1 Die Flohsamenschalen mit 300 ml Wasser mischen und mindestens 5 bis 10 Minuten quellen lassen.

2 Die gequollenen Flohsamenschalen mit den restlichen Zutaten und 700 ml Wasser zu einem glatten Hefeteig kneten und mindestens 4 Stunden an einem warmen Ort gehen lassen. Auch eine längere Gehzeit tut dem Teig gut. Der Teig darf anfangs schön weich sein, da die Saaten und das volle Korn

im Lauf der Zeit noch quellen. Den Teig stündlich einmal mit der Teigkarte wieder zusammenstoßen.

3 Backofen auf 250 °C (Ober-/Unterhitze) vorheizen, eine kleine Schale mit Wasser auf den Boden des Backofens stellen und das Backblech im Ofen miterhitzen.

4 Aus dem Teig auf der bemehlten Arbeitsfläche zwei längliche Wecken formen. Oder einen Wecken und einige kleine Semmeln formen.

5 Die geformten Brote auf das heiße Blech legen und dieses sofort in den Ofen schieben. Die Brote je nach Größe 35 bis 45 Minuten backen, nach 15 Minuten die Temperatur auf 180 °C reduzieren. Semmeln brauchen etwa 15 bis 20 Minuten bei 230 °C.

Varianten

- Mit den Getreidesorten kann man gut experimentieren. Wer es weniger kernig mag, verwendet mehr Mehl einer niedrigeren Type und gibt nicht so viele Saaten dazu.
- Auch bei den Gewürzen kann man nach eigenen Vorlieben weitere Sorten zugeben und andere ersetzen.

Wieder daheim

Wie hatte ich mich aufs Heimkommen gefreut! Denn so schön ich die Almzeit finde – sie ist immer auch eine sehr anstrengende, körperlich unglaublich fordernde Zeit. Und die Seele fährt oft Achterbahn in den vier Monaten auf der Alm.

WO IST MAUNZI?

Fast hatte ich letztes Jahr schon befürchtet, dass ich ganz am Ende noch mal einen Verlust verschmerzen müsste. Am allerletzten Tag auf der Alm hatte ich die Hütte von oben bis unten geschrubbt, den Stall sauber gemacht und die letzten Sachen gepackt, während meine Katze Maunzi in der Stube saß und mich gespannt beobachtete. Am Nachmittag, als Franz mich mit dem Auto abholte, war Maunzi verschwunden. Sie ist sehr auf mich fixiert und lässt sich nur selten von anderen anfassen. Meist spürt sie, wenn ich an sie denke oder sie brauche, dann steht sie in der Tür. Manchmal ist mir das selbst etwas unheimlich – sie ist wie eine kleine Seelenverwandte, wir haben eine ganz besondere Verbindung zueinander. Wenn ich sie rufe, kommt sie immer. Nur nicht an diesem Nachmittag.

Eine Katze auf der Alm ist sehr wichtig, denn ohne wären meine Vorräte durch die zahlreichen Mäusefamilien, die sich dort munter vermehren, stark

Meine liebe Katze Maunzi begleitet mich schon seit mehreren Sommern auf meine Almen. Sie fühlt sich dort genauso wohl wie ich.

gefährdet. Eine Almhütte lässt sich selten so abdichten, dass eine Maus nicht irgendeine winzige Ritze findet, durch die sie in die Hütte gelangen kann. Tagsüber stehen sowieso Hütten- und Stalltür häufig offen, und so machen auch die Mäuse Sommerfrische, richten sich auf dem Heuboden häuslich ein und genießen die Fülle an Lebensmitteln, die Stall und Speisekammer bieten.

Meine Maunzi ist ein schöner anthrazitfarbener Kater, der seit der Laubensteinalm nun schon bald die vierte Almsaison mit mir verbringt. Katzen fühlen sich auf der Alm sehr wohl. Sie können den ganzen Tag herumstreifen oder schlafen, wann und wo sie wollen, der Tisch ist reich gedeckt – wenn man keine Maus erwischt, gibt's Trockenfutter –, man muss sich nicht mit Nachbarskatzen herumärgern und ist überhaupt der King hier oben. Die Liebe zur Alm kann sogar so weit führen, dass eine Katze gar nicht mehr ins Tal will. So geht es ja auch vielen Sennerinnen. Wobei eine Katze nicht ahnen kann, wie man sich auf einer eingeschneiten Hütte bei Minusgraden ohne Futter fühlt.

Ich hatte solche Angst um meinen Kater!

Franz und ich suchten die ganze Alm ab, aber keine Spur von Maunzi. So fuhren wir wie geplant ins Tal zum Bauern zum Kaffeetrinken, aber abends noch einmal hoch. Doch Maunzi tauchte auch abends nicht auf. Schweren Herzens traten wir den Heimweg an, ohne Katze.

Am nächsten Morgen fuhr ich vor der Arbeit noch einmal hinauf. Um fünf Uhr früh, normalerweise Aufstehzeit auf der Alm, würde Maunzi mich vielleicht an der Schlafkammer erwarten? Aber wieder nichts – sie war weg. Ich traf auf dem Weg noch einen Waldarbeiter, dem ich meine Telefonnummer gab. Vielleicht hatte sich die Katze ja auf der Suche nach mir im Wald verlaufen? Die Tage vergingen, und mit jedem Tag schwand meine Hoffnung.

Nach gut einer Woche jedoch rief mich Resi, die Bäuerin, an: Sie hatten an der Almhütte einige Arbeiten vorgenommen und auch wieder nach meiner Katze gesucht. Auf dem Heuboden maunzte sie ihr dann schon ganz verzweifelt entgegen, sichtlich froh, einen Menschen zu sehen. Anfassen oder fangen ließ sie sich aber nicht.

Überglücklich fuhr ich nach der Arbeit gleich hinauf. Nachdem ich die Tür aufgesperrt hatte und – ohne etwas zu sagen – die Stalltür öffnete, hörte ich ein Rumpeln auf dem Heuboden, und kurz darauf erschien das Köpfchen meiner Maunzi am Einstieg. Aufgeregt miauend konnte sie es kaum erwarten, bis ich über die hölzerne Leiter hochgestiegen war. Schon sprang sie mir auf die Schultern, wo sie immer gern sitzt. Franz behauptet, dass ich dann wirklich wie eine Kräuterhexe aussehe!

Maunzi im Arm schloss ich die Tür ab und fuhr glücklich nach Hause. An diesem Tag ließ mich die Katze keine Sekunde aus den Augen und folgte mir auf Schritt und Tritt. Und die ersten Nächte daheim verbrachte sie am Fußende unseres Bettes, um nur ja nicht mehr zurückgelassen zu werden. Wir waren beide sehr erleichtert, uns wiederzuhaben.

AUFKRANZEN ODER NICHT?

Am Tag vor der Abreise hatten wir das Jungvieh von der Alm abgetrieben. Lange hatte ich überlegt, ob ich aufkranzen sollte oder nicht. Üblicherweise werden die Tiere für den Almabtrieb geschmückt, wenn während der Saison kein Unglück passiert und keines der Tiere gestorben ist – weder auf der Alm noch auf dem Hof im Tal. Die beiden tot geborenen Kälbchen, meinten meine Bauern, zählen eigentlich nicht bei dieser Überlegung.

Beim Almabtrieb gehen die Tiere meist gern ins Tal, wo es noch saftiges Grün gibt, während dies auf der Alm schon knapp geworden ist.

Wenn es während der Almzeit kein Unglück gegeben hat, fertige ich Schmuck für die Tiere zum Aufkranzen an.

Nur der Verlust einer Kuh oder eines Kalbes wäre ein Grund, nicht aufzukranzen. Aber sie ließen mir die Wahl, ich sollte entscheiden. Und ich entschied mich dagegen, immer das Bild der fast ausgereiften wunderschönen Zwillingskälbchen vor Augen.

Nach meiner ersten Krottenthaler Saison hatte ich noch aufgekranzt und wie üblich in wochenlanger Arbeit Aufstecker und grüne Girlanden für meine Tiere angefertigt, mit selbst gebastelten Seidenpapierblumen und rund um die Alm gesammelten kleinen Latschenkiefern und Silberdisteln.

Die schönsten Aufstecker, speziell die mit religiösen Symbolen – so wie das mit Blumen verzierte Kreuz, das die Leitkuh trägt –, werden dann im Tal über die Stalltür genagelt. Sie beschützen den Stall und seine Bewohner bis zur nächsten Almsaison vor allem Unglück, heißt es.

Zumindest diese schöne Tradition wollte ich dem Bauern auch im zweiten Jahr nicht verweigern, und so fertigte ich ein verziertes Kreuz in liebevoller Arbeit an, das der Bauer beim Almabtrieb mit nach unten trug und das den Segen der Alm über den Winter in den heimischen Stall bringen soll.

Ankommen im Tal geht ja räumlich gesehen ziemlich schnell. Mit dem Auto lässt man nach einer knappen Stunde die rumpelige Forststraße hinter sich, dann sind es noch etwa 50 Kilometer, und ich bin daheim. Gut gelaunt stieg ich aus dem Auto, und wir brachten gemeinsam Kisten, Kartons und Kleinkram ins Haus. Man glaubt ja nicht, was man doch so alles mit auf die Alm genommen hat, da kommt schon einiges zusammen. Dann ließ ich mich einfach treiben, denn auspacken und aufräumen konnte ich später noch. Mit Franz zusammen wanderte ich durch den Obstgarten, und er zeigte mir, was schon alles geschafft und was in den nächsten Wochen noch zu tun war. So viel Obst am Baum! An ein solches Obstjahr wie das vergangene kann ich mich nicht erinnern.

Nach dem ersten Rundgang durch Garten und Haus freute ich mich auf einen ganz besonderen, lange vermissten Luxus: eine heiße Dusche. Es fühlte sich fast an wie Weihnachten! Erst wenn man den täglichen Komfort mal eine Weile nicht hat, lernt man ihn zu schätzen. Das versuchte ich, mir in den nächsten Tagen und Wochen immer wieder ins Bewusstsein zu rufen und das Gefühl der Dankbarkeit so lange wie möglich zu bewahren.

APFELSAFT UND MEHR

In den ersten Tagen nach der Alm war ich noch voller Energie – die Entspannung kam erst später. Gemeinsam mit meinen Eltern erntete ich die vielen Äpfel, wir sortierten sie sorgfältig und lagerten sie in einem kühlen Raum im alten Zuhäusl. Sie würden bis ins Frühjahr hinein halten und uns mit Frischobst versorgen.

Das Fallobst luden wir auf den Autoanhänger, um damit zum Saftpressen zu fahren. Weil wir drei Geschwister alle Gärten mit Obstbäumen besitzen, hat unsere Mutter uns zu Weihnachten eine Saftpresse geschenkt – eine wunderbare Idee! Sie ist zerlegbar und steht in der Erntezeit bei meinem Bruder ganz in der Nähe, wo wir dann gemeinsam unsere Äpfel, Birnen und Trauben verarbeiten.

APFELMOST SELBST GEMACHT

Aus einem Teil der über 300 Liter Apfelsaft, die wir gewannen, stellten wir Most her – letztes Jahr haben wir zwei Fässer angesetzt, eines mit 30 und eines mit 60 Litern.

Mit einer Hefekultur aus der Apotheke und mit einem Gärspund am Fass reifte der Most einige Wochen. Je nach Temperatur dauert es mehr oder weniger lang: Die Temperatur sollte nie unter 10 °C sinken, optimal sind 15 bis 20 °C. Zuerst moussiert er und schmeckt wie süßer Federweißer, natürlich mit Apfelgeschmack. Je länger er gärt, desto mehr Zucker wird von den Hefen in Alkohol umgewandelt, und der Most wird saurer. Wenn keine Gärbläschen mehr aufsteigen, ist der Most fertig, dann zieht man ihn von der Hefe ab.

Wir trinken im Winter abends gern ein Glas Most – oder auch zwei. Sobald es richtig kalt wird, heizt einem der Glühmost so richtig ein. Wenn man von einer Skitour kommt, gibt es nichts Besseres.

Aus dem Most, der nicht getrunken wurde, machten wir Apfelessig. Dafür füllten wir Most mit Essigmutter in einen großen Glasballon und ließen den zukünftigen Essig reifen. Je älter der Essig wird, desto feiner schmeckt er. Die Essigmutter sieht aus wie ein glibbriger Knödel, der wie ein großer Wächter – oder eine große Mutter – im Glasballon auf der Flüssigkeit schwimmt. Sie besteht aus zusammengeballten Essigsäurebakterien, vermehrt sich in einem gesunden Essig und kann so immer wieder für neuen Essig verwendet werden. Solange sie Nahrung hat, solange lebt sie auch.

Mein

REZEPT

Glühmost

Diesen Glühmost lieben wir im Winter. Er wärmt wunderbar nach einem langen Spaziergang im Schnee oder nach einer Skitour, und er enthält nicht so viel Alkohol wie Glühwein. Durch die Apfelsäure und die Orangen schmeckt er angenehm fruchtig, und der Honig liefert eine milde Süße.

Für 4 große Tassen à 250 ml Inhalt:

1 l Apfelmost (siehe Seite 192)
2 Zimtstangen · 5 Gewürznelken
Samen aus 2 Kardamomkapseln
2 Orangen, am besten Blutorangen
2 cl (20 ml) Obstbrand oder Rum
2 EL Honig oder Rohrzucker

1 Den Most mit Zimtstangen und Gewürznelken in einen Topf geben. Die Kardamomsamen im Mörser leicht anstoßen und zum Most geben. Den Most erhitzen, aber nicht kochen, und zugedeckt 30 Minuten ziehen lassen.

2 Die Orangen auspressen und mit dem Fruchtfleisch aus der Presse zum Most geben. Obstbrand und Honig unterrühren und weitere 30 Minuten zugedeckt ziehen lassen.

3 In eine Thermoskanne abseihen und heiß servieren.

◆ Statt der einzelnen Gewürze kann man auch ein fertiges Glühweingewürz verwenden.

Mein

REZEPT

Apfelkuchen mit Walnussknusper

Für eine Springform (26 cm ø):

Für den Walnussknusper:

100 g Walnuss- oder Sonnenblumenkerne

2 EL Vollrohrzucker oder Honig

1 Msp. gemahlener Zimt

1 EL Butter

Für den Teig:

200 g Butter

150 g Dinkelvollkornmehl

250 g Dinkelmehl (Type 630)

150 g Zucker

abgeriebene Schale von ½ Biozitrone

1–2 EL Obstbrand oder Wasser

1 Prise Salz

1 Msp. gemahlener Kurkuma

Für den Belag:

4–5 Äpfel (je nach Größe)

1–2 EL Puderzucker

1 Für den Walnussknusper die Kerne grob hacken und in einer Pfanne trocken anrösten. Zucker oder Honig, Zimt und Butter dazugeben und rühren, bis der Zucker leicht karamellisiert. Sofort aus der Pfanne nehmen und auf einem Porzellanteller erkalten lassen.

2 Für den Teig die Butter in Flöckchen in eine große Schüssel schneiden. Alle weiteren Zutaten für den Teig zugeben und mit den Händen zu Streu-

seln verarbeiten. Zum Schluss den Walnussknusper, also die karamellisierten Kerne unterkneten. Wenn die Streusel sehr trocken und bröselig sind, noch etwas mehr Obstbrand oder Wasser unterkneten.

3 Die Äpfel schälen, vom Kerngehäuse befreien, vierteln oder achteln und in Scheibchen schneiden.

4 Den Backofen auf 180 °C (Ober-/Unterhitze) vorheizen. Die Springform mit Backpapier bespannen.

5 Gut die Hälfte der Streusel in die Form geben und mit den Fingern zu einem Kuchenboden flach drücken. Die Äpfel daraufgeben und die restlichen Streusel darüberbröseln.

6 Den Kuchen im Backofen in etwa 35 Minuten hellbraun und knusprig backen. Etwa 5 Minuten vor Ende der Backzeit den Kuchen leicht mit Puderzucker bestäuben, dann werden die Streusel noch knuspriger.

Varianten

Diesen Kuchen habe ich auf der Alm aus einer Laune heraus »erfunden«, ganz ohne Rezept. Meine Almnachbarn waren begeistert, sodass ich den Kuchen öfter in verschiedenen Abwandlungen gebacken habe, denn das Rezept ist sehr variabel:

- Für die Knuspermasse kann man Zucker oder Honig verwenden, auch mit Birkenzucker habe ich es versucht.
- Man kann alle Arten von Nüssen gemischt oder pur verwenden und die Äpfel mit Johannisbeeren oder anderen Früchten mischen.

Was ich aber im heimischen Elektrobackofen nie so hinbekomme wie auf der Alm: Die Streusel werden im Holzofen auf der Alm so schön knusprig, wie ich das zu Hause nicht schaffe. Der Trick mit dem Puderzucker klappt jedoch hervorragend.

BIRNEN, HIMBEEREN UND TRAUBEN VERWERTEN

Die süßesten Birnen reifen im rauen Chiemgauer Klima am Spalier an der Hauswand. Sie wandern ins Müsli oder in die Marmelade.

Einen Teil der Birnen brachten wir portionsweise zum Schnapsbrennen. Nicht jede Birne ist für jeden Zweck geeignet. Wir haben alte Birnensorten im Obstgarten – noch von meinem Großonkel gepflanzt oder gar von dessen Vater –, die sich nicht zum Rohverzehr oder zum Backen eignen, sondern spezielle Schnapsbirnen sind. Spaßeshalber sagen wir »Hoiskragler« dazu, weil sie einem beim Reinbeißen buchstäblich im Hals stecken bleiben und ihn schier abdrücken. Sie ergeben aber einen hervorragenden Birnenschnaps. Man muss nur warten, bis sie überreif vom Baum fallen, und sie dann sofort vor den Wespen in Sicherheit und zum Schnapsbrenner bringen. Andere Sorten eignen sich zum Dörren, wandern also in den Dörrapparat, und wieder andere sind herrlich saftig, aber nicht lange haltbar. Mit den Äpfeln zusammen gepresst runden sie den Apfelsaft wunderbar ab.

Die allerletzten Himbeeren fand ich noch an den schon fast dürren Zweigen. Es lohnte nicht, daraus Marmelade zu kochen. Also gab ich sie in Schraubgläser mit Obstessig, den sie mit der Zeit wunderschön rot färben und durch ihre Süße milder und feiner machen.

Ansonsten ernteten wir nur noch die Weintrauben, die an unseren sonnigen Hauswänden gedeihen. Sieben verschiedene Reben hat Franz eingepflanzt, und alle tragen sie reichlich. Was wir nicht frisch essen, verarbeiten wir zum Teil mit den Äpfeln zu einem gemischten Saft, sodass wir bis zur nächsten Obsternte drei verschiedene Säfte zur Auswahl haben: reinen naturtrüben Apfelsaft, Apfel-Birnen-Saft und Apfel-Trauben-Saft. Einen Teil der Weintrauben friere ich immer ein. Das habe ich einmal ausprobiert und war erstaunt, wie gut das funktioniert. Die kleinen süßen Trauben lassen sich dann im Winter für Obstsalat, Müsli oder Smoothies verwenden.

ZWETSCHGENDATSCHI FÜR DEN GANZEN WINTER

Sämtliche Gefrierschränke waren inzwischen voll – nichts ging mehr. Die Zwetschgenflut in diesem Obstjahr hatte auch Franz oft verzweifeln lassen. Ich war ja noch auf der Alm, als die Zwetschgen reiften, und er musste arbeiten und oft mitanschauen, wie Massen an schönen Früchten unter dem Baum vor sich hin faulten, weil einfach die Zeit zum Ernten fehlte. Für Franz war das sehr schlimm: Er ist erstens ein großer Obstliebhaber und kann es zweitens schwer ertragen, wenn Lebensmittel kaputtgehen.

Ich versuchte auch einige Male, ihn zu unterstützen. Beeilte mich mit meiner Stallarbeit, versorgte alle Rinder, zählte sie noch einmal durch und ging dann mit meinem Rucksack den schmalen Steig hinunter ins Tal, wo mein Auto geparkt war. Fuhr nach Hause, entkernte stundenlang Zwetschgen, packte sie in Tüten und in den Gefrierschrank. Und dann wieder alles retour, um zur Stallzeit gegen 17 Uhr zurück auf der Alm zu sein.

Zur Zeit der Zwetschgenflut backen wir Datschi im Akkord und frieren ihn portioniert ein. Kurz aufgebacken schmeckt er im Winter wie frisch.

Manchmal verabredete ich mich auch mit meiner Mutter, und wir backten Zwetschgendatschi im Akkord: Meine Mutter bereitete den Teig, ich belegte den Kuchen, rein in den Ofen, nächstes Blech. Die fertigen Datschi wurden dann portionsweise eingefroren, wie früher in meiner Kindheit. Währenddessen wusch ich schnell eine Waschmaschine voll Wäsche – und schon ging's wieder zurück auf die Alm.

Obwohl wir so viel Kuchen backten und obwohl so viele Früchte – leider, aber immerhin – als Kompost wieder in den Kreislauf zurückkehrten, blieb immer noch eine Menge übrig. Die brachten wir kurzerhand ebenfalls zum Schnapsbrennen.

MEIN CAMEMBERT

Eingefroren habe ich auch Camembert, Topfen und Butter von der Alm. »Was willst du mit eingefrorenem Camembert? Den kann doch keiner mehr essen«, sagen viele, wenn sie von meinem tiefgekühlten Käse hören. Doch, das geht!

Die enge Treppe in der Almhütte führt hinab in den kleinen Keller, wo mein selbst gemachter Käse lagert.

Tatsächlich schmeckt der aufgetaute Käse nicht mehr auf einer Käseplatte, deshalb verwende ich ihn wie überreifen Camembert zum Gratinieren und für Obatzden, und das funktioniert sehr gut. Denn in den letzten Jahren sind meine Camemberts immer besser geworden. Ich bemühe mich sehr um sie, denn ich liebe Camembert!

In meinem ersten Almjahr hatte ich keinerlei Käsereierfahrung und bezog mein Wissen aus drei Quellen: aus einem Buch, das Schritt für Schritt das Kasen erklärt; von einem Käsereimeister, dem ich zwei Tage lang über die Schulter schauen und den ich dann mit Fragen löchern durfte; und aus zahlreichen Gesprächen mit anderen Sennern und Almerinnen, die auf ihren Almen Käse herstellen. Das Wichtigste aber ist, sich einfach zu trauen und das Ganze auszuprobieren. Mit der Zeit lernt man durch Erfolge und Rückschläge, bekommt ein Gefühl für den Käse, und so werden die Ergebnisse immer besser.

Auf jeder Alm sind die Bedingungen für den Käse unterschiedlich: Temperatur, Feuchtigkeit und bakterielles Milieu im Käsekeller beeinflussen Geschmack, Aussehen und Reifezeit ganz wesentlich. Im vergangenen Sommer war meine Käseausbeute etwas geringer – ich hatte ja auch nur eine Milchkuh –, dafür hatte sich die Qualität der Käse noch einmal verbessert, wenn ich den Rückmeldungen meiner Gäste glauben darf.

Immer wieder kann ich meinem Käsereimeister Fragen stellen, und das führt jedes Mal zu noch feinerem Käse. Der Camembert wurde letzten Sommer zu meinem Glanzstück. Geschmack, Konsistenz und Aussehen passten einfach. Ich war sehr glücklich, dass er so gut gelungen war. Wenn er beim Anschnitt einen festeren Kern mit einem weichen Rand aufweist, der bei Zimmertemperatur leicht ausläuft – dann liebe ich meinen Camembert, und der große Aufwand der Herstellung hat sich gelohnt.

Schnitt- und Frischkäse, Butter und Camembert, Tomaten und Gurken aus dem Garten und selbst gebackenes Brot: meine Almbrotzeit.

ROHMILCH UND KEFIR

Auf der Alm genoss ich es sehr, jeden Tag beste unbehandelte Rohmilch zur Verfügung zu haben. Zwar trinke ich nicht viel Milch, nehme sie eigentlich nur für meinen Morgenkaffee, aber ich habe mir im vergangenen Sommer während der gesamten Almzeit frischen Kefir zubereitet. Die Almmilch ist ja reich an den wichtigen Omega-3-Fettsäuren, und so hatte ich ein sehr gesundes, wohlschmeckendes und erfrischendes Getränk zur Verfügung, das auch gut sättigt. Zum Kochen kam ich ohnehin nur sehr selten, und so war ein Glas Kefir oder Lassi immer wieder eine gute Zwischenmahlzeit.

Auf die Idee hat mich Elke gebracht, die mit den Ziegen. Sie lud mich, als ich sie einmal auf der Nachbaralm besuchte, zu einem Glas Fruchtlassi ein mit selbst gemachtem Kefir von ihren drei Milchziegen. Ich bat sofort um eine kleine Kefirknolle, die sich dann bei mir munter vermehrte und für mich den ganzen Sommer über feinen Kefir produzierte.

Die Kefirknollen sehen aus wie Blumenkohlröschen. Sie verwandeln quasi über Nacht, innerhalb von 24 bis 48 Stunden, rohe Milch in ein aromatisches, leicht moussierendes Getränk mit natürlichen Hefen, Milchsäurebakterien und Mineralstoffen. Es enthält außerdem viel Vitamin B_{12}, das insbesondere für Vegetarier wichtig ist, die Fleisch, Fisch und Eier meiden.

Die Almbutter drücke ich in schöne Buttermodel und verpacke sie in Pergamentpapier.

Die Kefirproduktion habe ich dann daheim fortgesetzt. Ich vertrage Kefir besser als Milch und sogar Joghurt, und tatsächlich wissen wir, dass der Verdauungstrakt die vielen Vitamine aus dem Kefir besser aufnehmen kann als aus Milch und dass viele Menschen mit Milchunverträglichkeit Kefir vertragen. Für mich ganz wichtig ist zudem der Umweltaspekt: Der Kefir reift in meinen Marmeladengläsern, die dann gespült und wiederverwendet werden. So habe ich null Abfall.

Hier im Tal ist es ja nicht so einfach, an frische Rohmilch zu gelangen. Doch seit einiger Zeit gibt es bei uns im Landkreis einige »Milchtankstellen«. Das sind kleine Häuschen, von den Bauern mit Rohmilchtanks ausgestattet, an denen ich mir zu jeder Tageszeit mit meiner Glasflasche für wenig Geld beliebig viel Milch abzapfen kann. Sie ist gekühlt, täglich frisch und weder erhitzt noch pasteurisiert oder homogenisiert. Und was mich zusätzlich freut: Auf dem Bauernhof, der uns am nächsten liegt, haben die Kühe noch Hörner, was die Milch nachweislich verträglicher macht.

Mein

REZEPT

Kürbisspalten mit Almkäse gratiniert

Für 4 Portionen als Beilage:

1 Kürbis (ca. 1 kg, Hokkaido oder Butternut)

2 Knoblauchzehen

2 EL Nüsse und Saaten (etwa Walnüsse und Sonnenblumenkerne)

2 EL Zitronensaft

2 EL Holunderblüten-Zitronenmelissen-Sirup (siehe Seite 58), ersatzweise Honig

2 TL Kräutersalz

1 EL Rosmarinnadeln

1 TL gemahlener Kurkuma

4 EL Olivenöl

100 g Camembert

frisch gemahlener schwarzer Pfeffer

grobes Salz aus der Mühle

1 Den Hokkaido gründlich waschen und trocken reiben, den Butternut-Kürbis schälen. Kürbis in 1 cm große Spalten schneiden, dabei die Kerne und das weiche Innere entfernen.

2 Die Kürbisspalten in eine Auflaufform legen. Den Backofen auf 200 °C (Umluft + Grill) vorheizen.

3 Die Knoblauchzehen schälen und fein hacken. Die Nüsse und Saaten grob hacken. Knoblauch, Nüsse und Saaten mit Zitronensaft, Sirup oder Honig, Kräutersalz, Rosmarin, Kurkuma und Olivenöl verrühren und vorsichtig

mit den Kürbisspalten mischen. Die Kürbisspalten in der Auflaufform so verteilen, dass sie nebeneinander liegen.

4 Die Auflaufform in den Backofen schieben und den Kürbis in 10 Minuten garen.

5 In der Zwischenzeit den Camembert klein schneiden.

6 Die Form aus dem Ofen nehmen, den Kürbis vorsichtig wenden und den Camembert darüberstreuen. Die Form wieder in den Ofen schieben und den Kürbis noch 10 Minuten gratinieren.

7 Die Form aus dem Ofen nehmen, den Kürbis mit Pfeffer und Salz würzen und servieren.

Tipps & Varianten

- Der Kürbis schmeckt frisch aus dem Ofen einfach mit Brot und einem Dip, zum Beispiel aus Sauerrahm mit klein gehackten gemischten Kräutern.
- Man kann den Kürbis auch als Beilage zu Fleischgerichten servieren oder lauwarm als Vorspeise, mit einem Spritzer dunklem Balsamico-Essig gewürzt.
- Ich bestreue ihn gern mit selbst gezogenen Bockshornkleesprossen.
- Statt mit Kürbis lässt sich dieses Rezept auch mit Kartoffeln, Zwiebeln, Petersilienwurzeln, Fenchel, Brokkoli, Gelben Rüben (Karotten) und anderen Gemüsesorten zubereiten. Gut schmeckt auch eine bunte Mischung aus allem, was Kühlschrank oder Garten gerade hergeben.

Mein

REZEPT

Mein Obatzda

»Obatzda« heißt ins Hochdeutsche übersetzt: Angebatzter oder Angedrückter. Das bayerische Verb »batzen« bedeutet »zerdrücken, zermantschen«. Eigentlich entstand der Obatzde (das Wort wird dekliniert!) als Resteverwertung: Überreifen Camembert, der schon zu weich war, um auf der Käseplatte serviert zu werden, hat man kurzerhand zerdrückt, mit Gewürzen vermischt und als Brotaufstrich oder zu Bratkartoffeln serviert. Jeder Haushalt hat da sein eigenes Rezept. Denn Lebensmittel wegzuwerfen – das war früher undenkbar.

Für ca. 4 Portionen:

200 g vollreifer/überreifer Camembert

1 kleine Zwiebel

1 Knoblauchzehe

1 TL Kümmelsamen

20 g weiche Butter

2 TL Paprika, edelsüß und scharf gemischt (im Verhältnis 2:1 oder nach Geschmack)

ca. 4 EL Rahm

50 g fetter Topfen (20 oder 40 % i. Tr.)

Salz oder Kräutersalz

1 Msp. Zitronenzucker

frisch gemahlener schwarzer Pfeffer

1 Schluck Bier

◆ Wichtig ist, dass alle Zutaten Zimmertemperatur haben, damit sie sich optimal verbinden.

1 Den Camembert mit der Gabel zerdrücken. Zwiebel und Knoblauch schälen und sehr fein hacken. Den Kümmel im Mörser etwas zerkleinern.

2 Alle Zutaten gut miteinander vermischen. Je nach Reife des Käses und Wassergehalt des Topfens mehr oder weniger Rahm zugeben, sodass eine cremige Masse entsteht.

3 Den Obatzden vor dem Verzehr eine Stunde durchziehen lassen. Am besten frisch oder spätestens am nächsten Tag servieren.

WALNÜSSE LAGERN

Auch die Walnussernte war im vergangenen Jahr überreich. In den Jahren davor gab es kaum Nüsse, weil es im Frühjahr nach dem Austrieb der Blätter jeweils noch mal starken Frost gegeben hatte, den die Fruchtansätze nicht überlebten. Diesmal versorgten uns unsere vier großen alten Nussbäume mit einer wahren Flut an Nüssen. Sobald im Herbst deren grüne saftige Umhüllung aufbrach und sie vom Baum fielen, sammelten wir sie und legten sie zum Trocknen aus.

Hat man nur wenige Nüsse, kann man sie in flachen Obststeigen auf Zeitungspapier legen und ein paar Wochen lang auf der Terrasse in die Sonne stellen oder an einen anderen trockenen Ort. Mit diesen Massen an Nüssen wäre das aber nicht möglich gewesen. So folgte ich dem Rat einer alten Nachbarbäuerin: Sie hatte von ihrer Mutter gelernt, dass man Nüsse auf dem Balkon trocknet, wo sie den ganzen Winter bleiben, bis sie verbraucht sind. Unsere Bauernhöfe haben ja einen so großen Dachüberstand, dass weder Regen noch Schnee auf den Balkon fallen. Also legte ich unseren Balkon mit Zeitungspapier aus und schüttete körbeweise Nüsse so darauf, dass sie neben- und nicht übereinanderlagen. Der Wind zieht sanft darüber, aber es regnet dort nicht hin – das perfekte Trockenlager für Walnüsse, denn ein wenig Luftfeuchtigkeit schadet nicht. Das Lagern im Haus mit sehr trockener Luft im Winter bekommt den Nüssen hingegen nicht so gut.

Wenn dann in der kalten Jahreszeit draußen wenig zu tun ist, sitzen wir oft abends und entkernen Walnüsse. Die Kerne, die nicht gleich gebraucht werden, kommen fürs tägliche Müsli in ein Schraubglas, größere Mengen friere ich portionsweise ein.

Mein

REZEPT

Dattel-Walnuss-Konfekt mit Tannennadeln

Für ca. 30 Stück:

200 g Datteln

200 g Walnusskerne

50 g Sonnenblumenkerne

½ TL Zitronenzucker (Seite 62) oder abgerieben Schale einer Biozitrone

Zum Wälzen:

Kakao, gemahlene Nüsse oder gemahlene Tannennadeln mit Zitrone (siehe Tipp)

1 Die Datteln entsteinen. Die Hälfte der Walnusskerne fein mahlen, die andere Hälfte hacken. Die Sonnenblumenkerne fein mahlen.

2 Alle Zutaten (außer die zum Wälzen) im Mixer, mit dem Pürierstab oder im Fleischwolf zu einer homogenen Masse verarbeiten.

3 Mit den Händen kleine Kugeln formen, nebeneinander auf einen Teller oder auf Backpapier legen und an einem kühlen, trockenen Ort einige Stunden antrocknen lassen.

4 Das Konfekt in Kakao, gemahlenen Nüssen oder Tannennadeln wälzen.

◆ In einem weiten Schraubglas oder einer Glasdose ist das Konfekt im Kühlschrank eine Woche haltbar.

Varianten: Dieses gesunde Konfekt lässt sich nach den persönlichen Vorlieben abwandeln: etwa mit getrockneten Pflaumen oder Aprikosen, mit unterschiedlichen Nussarten wie Mandeln, Cashew, mit Saaten oder Bucheckern. Letztere sollten vor dem Verzehr kurz geröstet oder überbrüht werden, damit giftige Inhaltsstoffe unschädlich gemacht werden. Beim Experimentieren darauf achten, dass das Verhältnis Trockenfrüchte zu Nüssen und Saaten etwa 50:50 betragen sollte.

Tipp: Gemahlene Tannennadeln geben dem Konfekt einen ganz besonderen, harzig-erdigen Geschmack. Außerdem enthalten sie wertvolle Vitamine und Mineralstoffe. Dafür einen Tannen- oder Fichtenzweig an einem warmen Ort einige Tage trocknen lassen und die Nadeln von dem Zweig ablösen. Etwa eine Handvoll Nadeln mit einem kleinen Stück getrockneter Zitronenschale und ½ TL Zitronenzucker im Mixer fein pulverisieren.

Zwetschgen-Cashew-Kürbiskern-Konfekt

Meine Mutter hat mir ein Säckchen mit selbst gedörrten Zwetschgen geschenkt. Das Konfekt, das ich daraus gemacht habe, hat uns allen sehr gut geschmeckt. Im Gegensatz zu den käuflichen Dörrzwetschgen, die nicht eingeweicht werden müssen (Softpflaumen), sind die selbst getrockneten sehr hart und brauchen eine Vorbehandlung.

Für ca. 30 Stück:

200 g Dörrzwetschgen ohne Kerne

200 ml Apfelsaft

6 cl (60 ml) Taubeerenlikör (siehe Seite 142)

100 g Cashewkerne

100 g Kürbiskerne

1 TL Zitronenpulver (siehe Seite 61)

1 EL Honig

1 Die Zwetschgen in dem leicht erwärmten Apfelsaft mit 4 cl Likör einweichen und ein bis zwei Tage ziehen lassen.

2 Cashewkerne und Kürbiskerne in einer Pfanne trocken anrösten. Zwei Drittel der Kürbiskerne fein mahlen, das dritte Drittel grob hacken.

3 Zwetschgen abseihen und mit Kernen, Zitronenpulver und Honig im Mixer zu einer homogenen Masse verarbeiten. 2 cl Likör unterrühren.

4 Aus der Masse mit den Händen kleine Kugeln formen, nebeneinander auf einen Teller oder auf Backpapier legen und an einem kühlen, trockenen Ort einige Stunden antrocknen lassen.

5 Das Konfekt in Kakao, gemahlenen Nüssen oder Tannennadeln wälzen (siehe Seite 209).

◆ In einem weiten Schraubglas oder einer Glasdose ist das Konfekt im Kühlschrank eine Woche haltbar.

Tipps

- Den Likör kann man natürlich auch weglassen, wenn Kinder mitessen oder Personen, die keinen Alkohol zu sich nehmen möchten.
- Das Konfekt kann man auch mit den in Schnaps eingelegten Beeren oder Früchten verfeinern, die beim Ansetzen von Likör übrig bleiben (dann eventuell noch etwas mehr gemahlene Nüsse zugeben, wenn die Konsistenz zu weich wird). Ich verwende dafür gern die Taubeeren, wenn der Taubeerenlikör fertig durchgezogen ist (siehe Seite 142).

Der Walnussaufstrich schmeckt auf frischem Brot oder auch, mit etwas heißem Nudelwasser verrührt, als schnelle Pastasauce.

Mein

REZEPT

Walnussaufstrich

Für 1 Glas à 450 ml:

250 g Walnusskerne

1 Zwiebel

2 Knoblauchzehen

3 EL Olivenöl

nach Belieben gerebelter Majoran, Dost, Oregano oder Thymian

Salz

frisch gemahlener schwarzer Pfeffer

1–2 EL Kapern, grob gehackt

150 g weiche Butter

1 Spritzer Zitronensaft

1 Die Walnusskerne fein mahlen. Die Zwiebel schälen und fein schneiden. Die Knoblauchzehen schälen.

2 Das Olivenöl in einer Pfanne erhitzen und die Zwiebel darin glasig dünsten. Die Knoblauchzehen durch die Knoblauchpresse in die Pfanne pressen. Kräuter und gemahlene Nüsse dazugeben. Unter Rühren kurz weiterdünsten und die Mischung mit Salz und Pfeffer würzen. Die gehackten Kapern unterrühren.

3 Die Masse mithilfe einer Gabel mit der weichen Butter vermengen und mit etwas Zitronensaft abschmecken. In ein sterilisiertes Schraubglas füllen und kalt stellen.

◆ Der Aufstrich ist im Kühlschrank 3 bis 4 Tage haltbar.

Mein

REZEPT

Geröstete Nüsse und Kerne

Von dieser gewürzten Nussmischung habe ich immer einen kleinen Vorrat daheim. Man kann sie einfach so knabbern, über Salate streuen oder zum Aperitif servieren, zum Beispiel zum wunderbaren Vogelbeer-Bitter (siehe Seite 216).

Für 2 bis 3 Portionen:

100 g Nüsse und Kerne gemischt (etwa Walnusskerne, Sonnenblumenkerne, Kürbiskerne)

etwas Currypulver oder gemahlene Kurkuma oder/und Chili

½ TL Zitronenpulver (siehe Seite 61)

1 EL Sojasauce

1 TL Kokosöl oder Butter

1 Die Nüsse und Kerne in einer Eisenpfanne trocken rösten. Mit Currypulver bzw. Kurkuma und/oder Chili würzen. Das Zitronenpulver darüberstreuen.

2 Die Pfanne vom Herd nehmen und die Kerne mit der Sojasauce ablöschen. Kokosöl oder Butter zugeben. Die Mischung abkühlen lassen.

◆ Man kann die Röstmischung auch ohne Fett zubereiten. Besonders durch Kokosöl bekommt sie aber, wie ich finde, einen schönen Glanz und einen Hauch Exotik.

Auch von den Spaziergängen durch die herbstliche Natur und unseren Garten brachte ich immer wieder frisch Geerntetes mit: Für mein herbstliches **Kräutersalz** verwendete ich Blätter und Blüten von der Kapuzinerkresse, außerdem Borretschblüten, Salbei, Liebstöckel, Zitronenmelisse, Thymian, Oregano und etwas Beifuß. Blätter von Stauden- und Knollensellerie geben dem Salz eine kräftige Basiswürze. Die Kräuter werden einfach getrocknet und im Mixer mit Steinsalz, Zitronenschale und Knoblauch fein gemahlen.

Zwischen unseren Pflastersteinen wächst im Herbst noch reichlich **Rucola,** der sich zu meiner Freude immer wieder selbst aussät. Zusammen mit frischem **Giersch** verarbeite ich ihn zu einem Herbst-Pesto. Den Giersch nutze ich ja schon vom frühen Frühjahr an, und wenn man ihn immer wieder erntet oder abmäht, treibt er bis zum Frost frisches junges Grün. Wenn man ihn einfriert, kann man auch im Winter Kräutersuppen und Smoothies damit zubereiten.

Im Herbst verbringe ich viel Zeit mit dem Verarbeiten von Kräutern und Früchten.

Holunder, den ich sonst immer zu Kompott verarbeitet eingekocht habe, gibt es diesen Winter nicht bei uns – das hatte ich im Herbst beschlossen. Nach der aktuellen Obstflut wollte ich nicht noch zusätzlich Wildfrüchte aus der Natur holen. Doch da bekam ich einige Gläser eingemachten Holunder von einer Freundin geschenkt – als ob sie geahnt hätte, dass ich keinen habe. Der »Zufall« meinte es wieder einmal gut mit mir!

Eine Ausnahme habe ich bei den **Schlehen** gemacht. Erst durch meinen Wildkräuterkurs bin ich wieder auf diese feine, gesunde Frucht aufmerksam geworden. Im Herbst fiel mir dann bei meinen Spaziergängen auf, wie viele Schlehensträucher es bei uns am Waldrand gibt! Noch besser sind sie im Frühling zu erkennen, zur Blütezeit, wenn sie manche Stellen am Waldrand in eine duftende weiße Blütenwolke verwandeln.

Mein

REZEPT

Schlehen-Birnen-Marmelade

Schlehen brauchen Frost, damit die in den Früchten enthaltene Gerbsäure abgemildert wird und die Früchte süßer schmecken. Ich sammle sie deshalb im Herbst sehr spät, möglichst wenn es schon einmal gefroren hat, und friere die Früchte zusätzlich noch ein. Wenn ich im Winter dann mehr Zeit habe, koche ich Marmelade daraus.

Für 6 Gläser à 200 ml:

400 g Schlehen

600 g Birnen

Saft von ½ Zitrone

100 ml Holunder- oder schwarzer Johannisbeersaft (oder Johannisbeer- oder Taubeerenlikör, siehe Seite 142)

¼ TL gemahlener Zimt

1 Prise gemahlene Gewürznelken oder Vanillepulver

ca. 200 g Gelierzucker 2:1

1 Die Schlehen säubern. Mit sehr wenig Wasser kochen, bis sie aufplatzen, und dann durch die Flotte Lotte drehen.

2 Die Birnen waschen und abtrocknen. Mit Schale und Kerngehäuse klein schneiden und mit sehr wenig Wasser weich kochen. Ebenfalls durch die Flotte Lotte drehen.

3 Beide Fruchtmuse abwiegen: Es sollten jetzt insgesamt etwa 600 g sein.

4 Zusammen mit dem Zitronensaft, Fruchtsaft oder Likör, Gewürzen und Gelierzucker in einen Topf geben. Unter ständigem Rühren aufkochen und 3 bis 4 Minuten sprudelnd kochen lassen.

5 Eine Gelierprobe machen: 1 EL der Masse auf einen kleinen Teller geben und für einige Minuten in den Kühlschrank stellen. Ist die Marmelade danach noch zu flüssig, etwas Gelierzucker zugeben und weitere 3 Minuten kochen lassen. Erfahrungsgemäß geliert die Marmelade aber sehr gut, weil durch das Auskochen von Birnenschalen und Kerngehäusen auch das darin enthaltene Pektin gelöst wird.

6 Die Marmelade in sterilisierte Schraubgläser abfüllen und auskühlen lassen.

Nachdem ich im vergangenen Jahr meine Liebe zur Schlehe entdeckt habe, werden wir uns im Frühling einige Schlehensträucher in den Garten setzen. Durch die dornenbewehrten Zweige, die dicht wachsen, sind die Sträucher auch beliebte Nistplätze für unsere einheimischen Vögel, und die frühe Blüte erfreut Bienen und Hummeln. Ich freue mich schon sehr auf unsere eigenen Schlehen, weil ich den herben, rauen Geschmack schätze. Außerdem sind die Früchte sehr gesund: Sie enthalten viele Flavonoide, Gerb- und Bitterstoffe, die für Leber und Galle wichtig sind. Sie stärken unser Immunsystem im Winter und helfen Rekonvaleszenten, die sich nur langsam erholen. Wein oder Likör aus Schlehenfrüchten genoss man früher ebenfalls zu Heilzwecken.

Mein

REZEPT

Vogelbeer-Bitter nach Dr. Strauß

Diesen alkoholfreien Aperitif aus Wildfrüchten liebe ich: Er schmeckt wunderbar, und der Tag, an dem ich ihn kennenlernte, wird mir immer in Erinnerung bleiben. Unser Kursleiter Dr. Markus Strauß hatte ihn selbst gemacht und uns serviert, um damit auf die bestandene Prüfung zur Fachberaterin für essbare Wildpflanzen anzustoßen. Er nennt seine Erfindung »Bitterino«. Seitdem habe ich den Bitterlikör mehrfach selbst zubereitet und bin begeistert von dem tollen Rezept, dem Vogelbeeren und Beifuß die bittere Note und Taubeeren die wunderschöne Farbe verleihen.

Für ca. 2 Flaschen à 600 ml:

50 g Taubeeren (Heidelbeeren)

200 g Vogelbeeren

200 g Rohrzucker

1 EL getrocknete Schafgarbenblätter und -blüten

1 EL getrockneter Beifuß

1 TL Samen von der Waldengelwurz

abgeriebene Schale von 1 Biozitrone

1 l Wasser

1 Die Beeren verlesen und säubern, die Vogelbeeren von den Stielen zupfen.

2 Alle Zutaten mit dem Wasser in einen Topf geben und zum Kochen bringen. 3 Minuten sprudelnd kochen lassen und dann vom Herd ziehen. Die Beeren mit einem Kartoffelstampfer zerdrücken, den Topf abdecken und die Mischung 7 Minuten ziehen lassen.

3 Auf eine sterilisierte Flasche einen Trichter aufsetzen und auf diesen ein Sieb. Die Mischung durch das Sieb in die Flasche abgießen und die Flasche verschließen.

◆ Für den alkoholfreien Aperitif ein Glas mit ⅓ Bitterino und ⅔ Mineralwasser mit Kohlensäure füllen.

◆ Der Bitterino schmeckt aber auch mit Orangensaft und Eiswürfeln oder mit Prosecco gemischt.

WIR MACHEN URLAUB

Elke von der Jägerbauernalm, Ziegenmutter, Kefir- und Lassi-Herstellerin, ist inzwischen eine gute Freundin geworden. Seit 23 Jahren verbringt sie die Sommer auf der Alm, und einige Wintermonate lang bewohnt sie mit ihrem Lebensgefährten ein kleines Haus in den ligurischen Bergen inmitten eines eigenen Olivenhains. Im November besuchten wir sie in Italien, weil sie unter anderem Hilfe bei der Olivenernte brauchen konnten – und weil Franz und ich schon lange nicht mehr zusammen im Urlaub waren.

Neue Landschaft, vertraute Tätigkeit: Früchte ernten. Elke kennt die Tricks, wie man Oliven schonend und ohne Verluste vom Baum holt.

Mit unseren Mountainbikes auf der Ladefläche starteten wir also für eine Woche in Richtung Süden. Nach insgesamt neun Stunden Autofahrt, zum Schluss über ein serpentinenreiches Sträßchen, erreichten wir das Haus in einem fast verlassenen Bergdorf, das immerhin 600 Meter über dem Meer und nur 10 Kilometer von der Küste entfernt liegt.

Es war eine wunderschöne und sehr interessante Woche: Wir breiteten Netze unter den Olivenbäumen aus, halfen beim Ernten und legten die Oliven in großen Gläsern ein. Mit dem Rad fuhren wir durch die Berge bis ans Meer und besuchten Olivenölpressen.

Wir lernten viele Freunde der beiden kennen, und es ergab sich ein sehr schöner Aspekt unserer Selbstversorgung: der Tauschhandel mit anderen Menschen, die gute Produkte mit Leidenschaft handwerklich herstellen. Ware gegen Ware oder Ware gegen Dienstleistung. So baut ein Bekannter von Elke selbst Wein an und tauschte ein paar Flaschen Wein gegen unser selbst geräuchertes Schweinefleisch. Auch bei Elke wurden wir für unsere Hilfe bei der Ernte in Olivenöl »ausgezahlt«, sodass wir nun über den Winter mit selbst »erarbeitetem« bestem Olivenöl versorgt sind.

Den Urlaub mit etwas Bewegung zu verbinden macht Spaß, vor allem, wenn man ihn mit Freunden in schöner Landschaft verbringen darf.

Die Kakifrüchte, die wir von Elkes Baum pflückten und mit nach Hause nahmen, trocknete ich in Scheiben, sodass sie uns jetzt unser Wintermüsli versüßen.

So muss sich regionale Selbstversorgung nicht immer nur auf die engste räumliche Umgebung beziehen, sondern es geht darum, gute Produkte zu verwenden, die auch in anderen Regionen in einem handwerklichen Prozess aus besten Grundstoffen umweltschonend und mit Liebe hergestellt sind – einfach Lebensmittel, die nicht aus den Fabriken der globalen Lebensmittelindustrie stammen.

Mein

REZEPT

Wildbraten nach bayerisch-ligurischer Art

Als Gastgeschenke brachten wir einige schöne Stücke tiefgefrorenes Wildfleisch nach Ligurien mit. Mit mediterranen und oberbayerischen Zutaten bereiteten wir gemeinsam einen Braten und später noch ein Gulasch zu, die uns ganz hervorragend schmeckten.

Für 6 bis 8 Portionen:

ca. 2 kg Reh- oder Hirschfleisch, am besten einen Schlegel

Salz

scharfer Senf

Olivenöl

6 kleine Zwiebeln

4 Knoblauchzehen

6 Gelbe Rüben (Karotten)

1 kleine Sellerieknolle

2 kleine Petersilienwurzeln

4 getrocknete Tomaten

10 Wacholderbeeren

4 EL Tomatenmark

2 Lorbeerblätter

je ein Zweig Salbei und Rosmarin

1 Scheibe Brot

1 Dose Tomaten in Stücken (400 g)

100 g Oliven ohne Stein

1 Flasche Rotwein (0,7 l)

frisch gemahlener schwarzer Pfeffer

nach Belieben etwas Chili

Sirup oder Gelee zum Abschmecken, z. B. Löwenzahnsirup (Seite 48), Holunderblütensirup oder Quittengelee

1 Beim Reh- oder Hirschschlegel (mit Knochen etwa 2 kg) schneide ich den unteren Teil (etwa 25 cm) mit einem scharfen Messer ab, damit der Braten besser in den Bräter passt. Vom Rehbraten Sehnen und Häute entfernen und beide Fleischstücke mit wenig Salz und scharfem Senf bestreichen.

2 Zwiebeln und Knoblauch schälen. Die Zwiebeln in grobe Stücke schneiden, Knoblauch in Scheiben. Gelbe Rüben, Sellerie und Petersilienwurzeln schälen und in grobe Würfel schneiden. Die getrockneten Tomaten in Streifen schneiden, die Wacholderbeeren mit einer breiten Messerklinge quetschen.

3 Das Fleisch in einem Bräter in Olivenöl rundherum anbraten, anschließend herausnehmen.

4 Tomatenmark im Bräter kurz anrösten. Das vorbereitete Gemüse, Kräuter, Brot, stückige Tomaten, Oliven und Rotwein hinzufügen. Leicht salzen und pfeffern, nach Belieben etwas Chili zugeben. Beide Fleischstücke auf das Gemüsebett legen und den Braten auf dem Herd bei schwacher Hitze mit aufgelegtem Deckel etwa 3 Stunden schmoren. Dann das Fleisch herausnehmen und abgedeckt ruhen lassen.

5 Die Sauce mit reichlich Sirup oder Gelee abschmecken, eventuell mit Salz und Pfeffer nachwürzen. Das Fleisch in Scheiben schneiden und mit der Sauce servieren.

Wildgulasch nach bayerisch-ligurischer Art

Dafür fast die gleichen Zutaten wie für den Braten verwenden, aber keinen Senf und mehr Flüssigkeit:

½ l Brühe und 1 Flasche Rotwein (0,7 l).

Die Brühe zusammen mit dem Wein zum Gemüse geben.

1 Das Fleisch von Sehnen und Häuten befreien und in 2×2 cm große Würfel schneiden. Portionsweise in heißem Olivenöl anbraten.

2 Wenn alles angebraten ist, das gesamte Fleisch wieder in den Topf geben. Tomatenmark und vorbereitete Zutaten zugeben, wie beim Wildbraten im vierten Schritt beschrieben.

3 Alles aufkochen lassen und bei geringer Hitze mit aufgelegtem Deckel 2 bis 3 Stunden schmoren. Das Fleisch soll dann zart und mürbe sein – lieber mehr Zeit einplanen, als das Gulasch zu früh vom Herd zu nehmen!

4 Mit Sirup oder Gelee abschmecken, eventuell mit Salz und Pfeffer noch etwas nachwürzen.

◆ Das Gulasch mit Brot oder Polenta als Beilage servieren.

Tipps

- Ich koche gern größere Portionen Gulasch auf einmal. Was übrig bleibt, lässt sich gut einfrieren.
- Reste des Bratens essen wir am nächsten oder übernächsten Tag dünn aufgeschnitten und auf einer Platte angerichtet mit einem leicht süßen Dressing aus Olivenöl, Senf und Honig oder Quittengelee.

Mein

REZEPT

Eingelegte Oliven

In Ligurien habe ich gelernt, frisch geerntete Oliven einzulegen. Ein paar Gläser davon stehen jetzt in unserer Speisekammer, und ich bin fest entschlossen, in Zukunft möglichst öfter bei der Olivenernte zu helfen.

Menge nach Belieben:

Frische, rohe grüne und schwarze Oliven mit Stein

Salz

◆ Zum Einlegen verwendet man nur einwandfreie, unverletzte Früchte.

1 Die Oliven in ein großes Schraubglas geben und mit Wasser auffüllen, bis alle Oliven vollständig bedeckt sind. 10 Tage lang das Wasser täglich erneuern.

2 Eine 10-prozentige Salzlösung herstellen: zum Beispiel 1 l Wasser abkochen und 100 g Meer- oder Steinsalz darin auflösen. Die Mischung erkalten lassen.

3 Das Einweichwasser der Oliven abgießen und das Olivenglas randvoll mit Salzlösung auffüllen. Das Glas verschließen und die Oliven 1 Jahr lang in einem kühlen Raum

reifen lassen. In dieser Zeit lösen sich die Bitterstoffe langsam aus den Früchten, und die Oliven bekommen einen angenehm milden, salzigen Geschmack. Manche Leute lassen die Oliven auch 2 Jahre lang reifen. Der Geschmack wird dann angeblich immer feiner.

4 Auf der Oberfläche der Flüssigkeit bildet sich kurz nach dem Ansatz eine konservierende weiße Schimmelschicht. Dieser Schimmel ist gesundheitlich unbedenklich. Man sollte ihn in Ruhe lassen und weder umrühren noch abnehmen! Nach einem Jahr kann man die inzwischen dicke Schicht mit einer Gabel leicht entfernen.

◆ Die Oliven können in der Salzlösung aufbewahrt werden, bis sie komplett verzehrt sind.

Mein

REZEPT

Getrocknete Kaki

Die vielen frisch geernteten Kakifrüchte in Elkes Garten mussten schnell verarbeitet werden, und so beschlossen wir, die Früchte zu trocknen. Dafür müssen die Früchte zwar reif, aber noch fest und nicht zu weich sein.

1 Mit einem Kartoffelschäler die Schale entfernen, den Strunk mit einem Messer entfernen. Die Kaki in ½ cm breite Scheiben schneiden.

2 Auf Gitterhorden für mehrere Tage zum Trocknen auslegen.

3 In einem Einweckglas aufbewahren – nicht ganz luftdicht, damit Feuchtigkeit entweichen kann.

Wir haben uns eine große Kiste der Früchte mit nach Hause genommen. Dort trockne ich sie in Ofennähe und wende sie gelegentlich, damit sie nicht festkleben. Nach ein paar Tagen sind die Scheiben trocken, aber noch angenehm weich. Die Farbe bleibt im getrockneten Zustand erhalten, und so haben wir auch im Winter wunderbar leuchtende Früchte in unserem Müsli.

Wir mischen uns gern **Studentenfutter,** u. a. mit Walnuss- und Sonnenblumenkernen, getrockneten Birnen und jetzt auch Kakis. Dazu ein paar Datteln – dann reicht diese Kraftnahrung für eine lange Berg- oder Skitour.

Wie geht es weiter?

So ein Almsommer tut der Seele unheimlich gut. Seit ich auf die Alm gehe, habe ich das Gefühl, dass ich meine Bestimmung gefunden habe. Auch körperlich komme ich gestärkt aus der Almzeit zurück. Seit Jahren habe ich keine Erkältung mehr gehabt, keinen grippalen Infekt, von einem Winterblues keine Spur, ich fühle mich stark und glücklich.

ICH MUSS AUF MEINE GESUNDHEIT ACHTEN

Doch ganz spurlos gehen die Anstrengungen und größeren und kleineren Unfälle nicht an einem vorbei. Bis auf ein paar angebrochene Zehen – ich hatte meinen Fuß dummerweise unter dem einer Kuh platziert – war mir in den ersten Almjahren nichts Gravierendes passiert. Der Sommer vor zwei Jahren aber blieb auch gesundheitsmäßig unvergesslich.

Aufgrund einer lang zurückliegenden Wirbelfraktur ist mein Rücken schon immer mein Sorgenkind. Nur durch viel Sport und Bewegung hatte ich mich beschwerdefrei gehalten. Einige Monate vor dem Almsommer rebellierte dann mein Ischiasnerv, und bis zur Almzeit kam er trotz intensiver

Gegenmaßnahmen nicht zur Ruhe. Der anstrengende Almsommer tat sein Übriges: Harte Arbeit, das Schleppen der Milch- und Wassereimer, das Füttern der Schweine und die weiten Strecken, die täglich zu Fuß zurückzulegen waren, bergauf und bergab, waren das Gegenteil dessen, was die Ärzte empfohlen hatten: schonen und ausruhen. Mein ohnehin beleidigter Nerv reagierte so gereizt, dass er nur noch mit Schmerzmitteln zu besänftigen war. Über den ganzen Almsommer zog sich das hin, aber ich wollte die Saison um keinen Preis vorzeitig beenden. Wer mich kennt, weiß, dass ich Schmerzmittel nur im äußersten Notfall einnehme. Aber hier auf der Alm kam ich ohne nicht zurecht. Das kratzte natürlich an meiner Befindlichkeit, und meine Angst, allem nicht gerecht zu werden, übermannte mich des Öfteren.

Als die Schmerzen zu häufig und zu intensiv wurden, ließ ich mich zu einer Kernspindiagnostik überreden. So vertrat mich Margit für ein paar Stunden, ich fuhr in die Klinik und mit den Bildern anschließend zu einem Orthopäden, den mir eine Freundin empfohlen hatte. Die Kernspinbilder waren keineswegs erfreulich, und sowohl der Radiologe als auch Franz legten mir dringend ans Herz, die Arbeit auf der Alm zu beenden. Für mich brach eine Welt zusammen – was keiner nachvollziehen konnte. Ich hing so sehr an dieser Alm und fühlte mich in dem Moment sehr allein.

Meine Rettung war der Orthopäde, bei dem ich mich vorstellte.

Als Franz und ich die Praxis betraten, fiel mein Blick als Erstes auf zwei große moderne Zeichnungen – Porträts von Kühen! Ich nahm das als gutes Vorzeichen, und im Gespräch mit dem Arzt sollte sich meine Hoffnung bewahrheiten: Er sah sich die Kernspinbilder an, hörte mir lange zu und spürte wohl meine Angst vor seinem Urteil.

Dann fragte er nur: »Was sagt Ihr Herz, was wollen Sie?«

Damit hatte ich nun überhaupt nicht gerechnet. Ich muss ihn sehr erstaunt angeschaut haben, schluckte und sagte: »Ich möchte wieder auf die Alm hoch!«

Die Tränen schossen mir in die Augen, als er daraufhin nur meinte: »Dann gehen Sie!«

Wir führten noch ein längeres Gespräch, in dem er mir die Risiken erklärte und einige Verhaltensregeln ans Herz legte. Dann verließ ich überglücklich die Praxis und fuhr wieder hinauf auf die Alm.

ENDLICH WIRD'S BESSER: MEIN SCHÖNSTER ALMSOMMER

Im Jahr darauf, das schwor ich mir, wollte ich nicht mehr in eine solche Situation geraten – abgesehen davon, dass ich auf die Schmerzen wirklich verzichten konnte. Deshalb konzentrierte ich mich im Winter gezielt auf meine Gesundheit. Zuerst gönnte ich mir viel Ruhe, ließ mich bewusst darauf ein, mal richtig faul zu sein. Als ich dann das Gefühl hatte, dass es reichte mit dem Ausruhen, begann ich mit konsequentem Rücken- und Ausdauertraining und ging regelmäßig ins Yoga. Als dann die Löwenzahnwiesen blühten, im Mai, war es bereits deutlich besser geworden, und zum Almauftrieb war ich wieder schmerzfrei.

Vielleicht ist der letzte Sommer auch deshalb einer meiner schönsten Almsommer gewesen. Ich war so dankbar, dass ich stundenlang durchs Almgebiet laufen konnte und keinerlei Schmerzen hatte! Das wusste ich erst jetzt zu schätzen, nach den Erfahrungen des vergangenen Jahres. Morgens stand ich nun eine halbe Stunde früher auf, um vor der Stallarbeit noch meine Yogaübungen zu absolvieren. Das tat mir sehr gut und gehört inzwischen zu meinem Tagesablauf wie Zähneputzen.

Stimmungsvoller Sonnenaufgang auf der Krottenthaler Alm mit Blick in die Chiemgauer Berge.

IRGENDWAS IST IMMER

Diesen Sommer hatte ich zwar keinerlei Rückenschmerzen, dafür brach ich mir zwei Rippen und holte mir fast gleichzeitig eine Borreliose-Infektion.

Anfang August ging ich Franz entgegen, der gerade aus dem Tal auf dem Weg zur Alm war. Dabei blieb ich mit dem linken Fuß an einer Wurzel hängen und purzelte so unglücklich ein paar Meter den mit Steinen und Wurzeln durchsetzten Steig hinunter, dass ich mir die ersten beiden Rippen brach. Doch das merkte ich zunächst nicht. Um mein Knie machte ich mir Sorgen. Es hatte einen heftigen Schlag abbekommen, blutete und schmerzte stark. Was, wenn ich nicht mehr richtig laufen könnte? Das wäre eine echte Katastrophe!

Gerade rappelte ich mich mühsam hoch, als Franz im Wald auftauchte. Mit seiner Unterstützung humpelte ich zur Alm zurück, wo mir Barbara bereits entgegenkam, eine gute Freundin, die für ein paar Tage zu Besuch gekommen war – ein glücklicher Zufall, denn Barbara Loferer ist Osteopathin und Therapeutin am Schliersee, die beste, die ich mir vorstellen kann. Ihre feinfühligen Hände brachten meinem Knie schnelle Linderung. Zusätzlich nahm ich homöopathische Mittel und massierte mein Knie mit Arnikatinktur und Johanniskrautöl.

Meinen Rippen schenkte ich keine Aufmerksamkeit. Ich spürte natürlich, dass jede Bewegung, jedes Lachen und Husten mit schmerzhaften Stichen einherging, aber auf den Gedanken, dass ich eine Rippenfraktur hatte, wäre ich nie gekommen – Prellungen habe ich ja öfter. Das Knie schmerzte zwar lange, aber es wurde von Tag zu Tag ein wenig leichter. Ein Glück im Nachhinein, dass ich es jeden Tag ausführlich begutachtete: Denn so bemerkte ich zeitig eine stark abgegrenzte Rötung in der Kniekehle, die mich dann doch ins Tal zu einem Arzt gehen ließ.

Ich versorgte morgens meine Tiere und marschierte hinunter in den Ort, wo mein Auto stand. Mein Lieblingsorthopäde vom vergangenen Jahr – inzwischen auch mein Hausarzt – schaute sich all meine aktuellen »Baustellen« gründlich an. Mein Verdacht auf Borreliose bestätigte sich sehr schnell, und gleichzeitig erfuhr ich von meinen gebrochenen Rippen. Wie ich auf der Alm allerdings zu einem unbemerkten Zeckenbiss hätte kommen sollen, das

Williams, meinen einjährigen Ochsen, musste ich gegen Ende des Almsommers fast täglich mit der restlichen Kälberherde aus den steilen Flanken holen. Wenn die sanfteren Almwiesen bereits abgeweidet sind, steigen die Tiere in immer gefährlicheres Gelände.

konnte ich mir nicht erklären. Da hörte ich zum ersten Mal, dass die Übertragung der Borreliose mittlerweile auch durch Kreuzbremsen nachgewiesen ist, und die hatten wir auf der Alm ja reichlich. Mein Knie wurde auch noch behandelt, und mit einem Antibiotikum in der Tasche ging ich wieder auf die Alm zurück. Die Behandlung der Borreliose unterstützte ich noch mit homöopathischen Mitteln und mit Kardenwurzeltinktur.

MEIN GEHEIMER WUNSCHTRAUM

Nach solchen Ereignissen versuche ich innezuhalten und frage mich, warum ich immer wieder ausgebremst werde.

Zwar erzählen alle Sennerinnen von kleineren und größeren Unfällen, Erkrankungen, Schmerzen durch Überlastung, da bin ich nicht die Einzige. Tatsächlich gebe ich mir aber zu wenig Ruhezeiten. Die Tage sind gut gefüllt mit Aktivitäten, die mir ja auch durchweg Freude bereiten. Da ich gern an meine körperlichen Grenzen gehe und meine Schmerztoleranz ziemlich hoch ist, werde ich ab und zu mehr oder weniger sanft von außen darauf hingewiesen, dass es jetzt wieder einmal genug ist.

Besser auf die Bedürfnisse meines Körpers zu hören und mein Gefühl und die Seele wieder mehr mitsprechen zu lassen, den Kopf manchmal auszuschalten – das nehme ich mir für die Zukunft vor. Denn ich will ja noch länger auf die Alm gehen.

Nun freue ich mich auf meinen achten Almsommer, und oft werde ich gefragt, ob ich nicht almmüde sei und am Sinn des Ganzen zweifle, gerade nach den beiden letzten Sommern. Keineswegs! Rückenschmerzen und kleine Unfälle kann ich auch im Tal haben, es kommt darauf an, dass ich aufpasse – auch auf mich, das habe ich mir hinter die Ohren geschrieben. Ich habe bis jetzt auf drei sehr unterschiedlichen Almen mehrere Sommer verbracht und auf einigen anderen Almen kurzzeitig ausgeholfen. Es ist immer noch spannend für mich, wie die verschiedenen Almen geführt werden, wie die Natur dort oben ist, wie die jeweiligen Almbauern und die Tiere sind. Dabei bin ich gern mehrere Sommer hintereinander auf der gleichen Alm. Wenn das Almgebiet allmählich vertrauter wird und ich die Bauersleute besser kenne, dann ist auch die Arbeit entspannter.

Der erste Sommer auf einer neuen Alm ist meistens sehr fordernd. Ich muss mich in kürzester Zeit einleben, das weite Almgebiet erkunden, mir einen passenden Tagesablauf für die jeweilige Alm zurechtlegen und die Tiere kennenlernen, um in einen guten Rhythmus zwischen Mensch, Natur und Tier zu kommen. Dem zweiten Sommer auf der gleichen Alm sehe ich schon gelassener entgegen. Ich kenne die Abläufe und bin mit Bauersleuten und Almnachbarn vertraut, mit denen ich schließlich eng zusammenarbeite.

Ein gutes Verhältnis zu den Almbauern ist außerordentlich wichtig. Sie vertrauen mir für fast vier Monate ihren Jungviehbestand an, und ich möchte die Arbeit oben auf der Alm natürlich zu ihrer Zufriedenheit erledigen. Dabei muss im Vorfeld klar über die Erwartungen gesprochen werden, die die Bauern an mich haben. So bildet sich Vertrauen, und man schließt Missverständnisse so weit wie möglich von vornherein aus.

Wie viele Sommer ich auf einer Alm bleibe, entscheidet sich meist spontan, und ein Wechsel kristallisiert sich oft während der Sommermonate heraus. Ist es gut und stimmig für mich, bleibe ich gern mehrere Sommer auf einer Alm, ansonsten vertraue ich darauf, was das neue Jahr so bringt. Bis jetzt bin ich in meinem Leben sehr gut damit gefahren. Eine große Planerin bin ich nicht, und wenn die Zeit reif für Neues ist, dann werde ich vom Schicksal schon angestupst. Ich lasse mich am liebsten von meinem Bauchgefühl leiten und liege meist richtig damit. Und falls nicht, kann ich ja wieder einen neuen Weg einschlagen.

Wenn ich tief in mich hineinhöre, dann würde ich aber tatsächlich gern einmal den Sommer auf einer richtigen Hochalm verbringen, in der Schweiz oder anderswo. Ohne Zufahrtsweg, nur zu Fuß zu erreichen, ganz abgeschieden, wo ich monatelang allein mit den Tieren, der Natur und meiner Arbeit wäre. Vielleicht würde mich Franz ja auch für ein paar Wochen begleiten. Dieser Gedanke kommt immer wieder hoch und ist in meinem geheimen Wunschkästchen für die Zukunft gespeichert.

GLOSSAR

Wer gern mehr wissen möchte über meine tägliche Arbeit des Butterns und Käsemachens, dem sei mein erstes Buch *Die Alm, ein Ort für die Seele* empfohlen, in dem ich ausführlich schildere, wie ich auf den Almen ohne Strom Butter und Käse herstelle.

Alm – Mit dem Wort »Alm« bezeichnet man sowohl das Almgebiet, also die gesamte Weidefläche, die zur Alm gehört, als auch die Almhütte.

Almrausch – Der Almrausch meint die Alpenrose (Rhododendron ferrugineum), auch Rostrote Alpenrose genannt. Sie wird von den Kühen verschmäht und ist deshalb eigentlich ein Unkraut auf der Alm. Almerer und Almerinnen verwenden sie zum Anfertigen des Aufkranz-Schmucks.

Almstock – Der Bergstock oder Almstock ist ein wichtiges Utensil, ohne das eine Almerin selten auf der Alm unterwegs ist. Der gerade gewachsene Haselnussstecken ist etwa so groß wie die Almerin, nicht zu dick und nicht zu dünn. Mit ihm dirigiert sie die Tiere auf dem Weg, sie kann sich in unwegsamem Gelände auf ihm abstützen und ihn sogar als Werkzeug nutzen, denn am unteren Ende ist er mit einer Eisenspitze verstärkt. Manche Almerer verzieren ihren Almstock durch eingeschnitzte Muster oder ihre Initialen. Für jedes Almjahr darf man eine weitere Kerbe in den Stock einritzen – und es heißt, man gehe so lange auf die Alm, bis auf dem Almstock kein Platz mehr für eine weitere Kerbe sei.

Gelbe Rübe – Karotte, Möhre

Gummiwagen – Ein landwirtschaftlicher Anhänger mit Gummibereifung. Als die Gummireifen auf Felgen auch in der Landwirtschaft die holzbereiften Ladewagen ablösten, sprach man vom Gummiwagen. Dieser Name hat sich für solche Anhänger in der Landwirtschaft gehalten.

Jungvieh, Milchkühe, Kälber – Koima, Kiah, Kaiwe: Was ist der Unterschied? *Kaiwe,* Plural *Kaiwe* – Kalb/Kälbchen: Rinder, die jünger als ein Jahr sind. *Koim,* Plural *Koima* – Jungvieh: weibliche Rinder, die älter als ein Jahr sind, aber noch nicht gekalbt haben, also auch keine Milch geben. *Kua,* Plural *Kia* – Milchkühe: weibliche Rinder, die älter als zwei Jahre sind und schon gekalbt haben.

Kletzen – Getrocknete Birnen. Es gibt spezielle Birnensorten, die nur fürs Trocknen kultiviert wurden, denn getrocknete Birnen waren lange Zeit eine der wenigen süßen Leckereien in der Winterzeit. Man kann die kleinen Kletzenbirnen ganz, die größeren in Scheiben geschnitten trocknen, entweder an der Herdseite oder im elektrischen Dörrgerät. Der Name Kletzen kommt vom mittelhochdeutschen *klæzen* für »klieben«, spalten.

Kletzenbrot – Früchtebrot, das mit Kletzen, also getrockneten Birnen, als Zutat traditionell in der Weihnachtszeit gebacken wurde und wird.

Latschen – Latschenkiefer, Legföhre, Krüppelkiefer. Diese Bergkiefernart wächst in 1000 bis 2700 Metern Höhe und sucht sich gern die Gesellschaft von Almrausch. Kleine Latschenkiefern werden geschmückt und als Aufstecker zum Aufkranzen beim Almabtrieb verwendet.

Ratschen – Sich unterhalten, quatschen, klönen

Sauen – Schweine. In Bayern bezeichnet man jedes Schwein als Sau, sowohl männliche als auch weibliche Schweine.

Schnaps auf der Alm – Es ist Tradition, dass man auf der Alm zu vielerlei Gelegenheiten mit einem Gläschen Schnaps anstößt, etwa wenn Besuch kommt. Almerinnen und Almerer haben deshalb immer einen kleinen Schnapsvorrat auf der Alm.

Schwenden – Das Entfernen von Pflanzen mit verholzenden Stängeln, die die Almweiden überwuchern und unbrauchbar für die Beweidung machen würden, nennt man Schwenden. Es geschieht durch Mähen, Ausreißen oder Abschneiden. Auf unseren Almen im Voralpenland werden hauptsächlich Sämlinge von Bäumen wie Fichte, Latsche und Lärche geschwendet, ebenso verholzende Stauden wie Almrausch und Wacholder und für Weidevieh ungenießbare Pflanzen wie etwa Disteln, Weißer Germer, Ampfer und Brennnesseln.

Semmeln – Brötchen

Taubeeren – Heidelbeeren, Blaubeeren

Topfen – Quark

Wecken – Länglicher Brotlaib

REZEPTE VON A BIS Z

- Dr. Markus Strauß: *Die Waldapotheke. Bäume, Sträucher und Wildkräuter, die nähren und heilen;* Knaur MensSana, München 2017.
Bei Dr. Markus Strauß habe ich meine Wildpflanzenausbildung absolviert und bin ihm seither freundschaftlich verbunden. Er wirkte unglaublich inspirierend auf mich und förderte mein Interesse für die essbaren und heilsamen Wildpflanzen. Ich danke ihm ganz herzlich dafür, dass ich sein Rezept für den Vogelbeer-Bitter, den »Bitterino«, in mein Buch aufnehmen durfte.
www.dr-strauss.net

- Karin Lochner/Peter von Felbert: *Sehnsucht Alm. Vom Glück des einfachen Lebens;* Bruckmann, München 2018.
»Einzigartige Fotografie und Erzählungen aus dem Alm-Alltag bieten Einblicke in das Almleben der bayerischen Alpen«, heißt es im Verlagstext. Und das stimmt. Es ist ein wunderbares Buch, das das Almleben zeigt, wie es ist.

- Adelheid Lingg: *Bäume & die heilende Kraft des Waldes;* Franckh Kosmos, Stuttgart 2016.
Bei Adelheid Lingg habe ich einige tolle Seminare besucht. Ich bewundere nicht nur ihr Wissen, sondern auch ihre tiefe Spiritualität.
www.die-leda.de

- Barbara Loferer: *Auszeit-Seminare und Praxis für integrative Osteopathie.*
Barbara hat mich und meine Tiere mit ihren heilenden Händen von den Folgen kleinerer Unfälle auf der Alm befreit und uns dadurch öfter »gerettet«.
www.auszeit-erleben.net

DANK

Bei diesem Buch haben mich wieder viele liebe Menschen unterstützt, denen ich ganz herzlich danken möchte:

Meinen Eltern dafür, dass sie mir die Wurzeln gegeben haben, die mir bis heute Kraft und eine positive Lebenseinstellung verleihen. Sie haben mir die Liebe zur Natur nahegebracht und mich gelehrt, ihre Gaben zu schätzen und zu nutzen. Dafür bin ich ihnen zutiefst dankbar – und auch dafür, dass sie uns jederzeit mit Rat und Tat zur Seite stehen.

Meinem lieben Mann Franz danke ich von ganzem Herzen, dass er mir nie »die Flügel stutzt«, sondern mich bei der Realisierung meiner Träume unterstützt und begleitet. Er erdet mich und gibt mir durch seine ruhige und ausgeglichene Art immer den nötigen Halt. Er hält mir, wenn es sein muss, stets den Rücken frei und war mutig genug, bei diesem Buch mitzumachen.

Ulrich Ehrlenspiel hat mich motiviert, auch ein zweites Almbuch in Angriff zu nehmen. Er hat von Anfang an mit voller Überzeugung an mich geglaubt und mir den Weg vorgezeichnet, der mir nun so viel Freude bereitet und mich beseelt. Dafür bin ich ihm sehr dankbar – ohne ihn würde es meine Bücher nicht geben.

Dorothea Steinbacher danke ich ganz herzlich dafür, dass sie einmal mehr meine Manuskripte in dieses Buch verwandelt hat, für den Gleichklang beim Schreiben, den unkomplizierten und kreativen Austausch und dafür, dass sie ihr umfassendes Wissen in das Buchprojekt eingebracht hat.

Felicitas Holdau danke ich für die vertrauensvolle Zusammenarbeit bei Lektorat und Satz und ihre Fähigkeit, Bilder und Texte stimmig zu arrangieren.

Dem gesamten Team des Kailash-Verlages danke ich ganz herzlich für die gute Betreuung und dass sie stets ein offenes Ohr für meine Anliegen haben.

Mein großer Dank gilt meinem Almnachbarn und guten Freund Andi Zöllner, der mir mit seiner feinsinnigen Art beim Korrekturlesen der Texte und bei der Bildauswahl eine große Stütze war.

Meiner lieben Freundin Martina Strobl danke ich für ihre Hilfe und Unterstützung während der Almzeit und dafür, dass sie spontan immer wieder bereit war, professionelle Fotos für das Buch zu machen.

IMPRESSUM

BILDNACHWEIS

Frank Bauer: S. 5 li., 6, 60, 66, 135, 150, 152, 153, 156, 179, 200, 226

Martina Fischer: S. 8, 12, 16, 20, 22, 27, 30, 46, 63, 78, 80, 88, 91, 92, 94, 97, 99, 101, 102, 105, 106, 107, 108, 110, 112, 113, 126, 129, 130, 131, 139 li. o., 139 re. u., 146, 149, 151, 154, 158, 159, 160, 161, 163, 164, 165, 166, 174, 176 li. o., 176 li. u., 176 re. u., 183, 185, 186, 188, 189, 190, 201, 203, 206, 208, 215, 218, 219, 221, 223, 224, 225, 229, 231, 239

Thomas Rosenkranz: S. 114

shutterstock/vinbergv: S. 59

Dorothea Steinbacher: S. 5 re., 11, 15, 25, 29, 32, 39, 57, 65, 75, 77, 93, 103, 109, 111, 124 li. o., 124 re. o., 124 re. u., 139 li. u., 139 re. o., 167, 168, 171, 172, 173, 175, 176 re. o., 197, 198, 199, 205, 217, 233

Martina Strobl: S. 4 li., 4 re., 19, 35 li., 35 re., 36, 41, 43, 44, 49, 51, 55, 64, 71, 81, 82, 83, 84, 86, 87, 89, 120, 124 li. u., 125, 133, 141, 142, 145, 192, 195, 210

Luise Tutschka: S. 53, 116, 122, 213

Dieses Buch ist auch als E-Book erhältlich.

MIX
Papier aus verantwortungsvollen Quellen
FSC® C043106

Penguin Random House Verlagsgruppe FSC® N001967

2. Auflage
Originalausgabe

Neumarkter Str. 28, 81673 München
Lektorat, Bildredaktion und Satz: Felicitas Holdau
Umschlaggestaltung und Innenlayout: ki 36, Sabine Krohberger Editorial Design, München
Druck und Bindung: Grafisches Centrum Cuno, Calbe
Printed in Germany
ISBN 978-3-424-63176-0
www.kailash-verlag.de